高等职业教育本科教材

化工制图及CAD习题集

胡建生　主编

王春华　刘维佳　张艳玲　参编

史彦敏　主审

化学工业出版社

·北京·

内 容 简 介

本书与胡建生主编的《化工制图与CAD》教材配套使用。本书全面采用最新国家标准，根据教学需求，设计了三种习题答案：教师备课用习题答案（PDF格式）；教师讲解习题用答案（分为单独答案、包含解题步骤的答案、配置324个三维实体模型、轴测图、动画演示等多种形式）；学生用习题答案（每道习题均给出了单独的答案并对应一个二维码，配置419个由教师掌控的二维码，教师按照教学实际可将二维码转达给学生）。

本书可作为职业本科、应用型本科化工类专业及相关专业的制图课配套教材，亦可供成人教育工科相近专业使用或参考。

图书在版编目（CIP）数据

化工制图及CAD习题集/胡建生主编. —北京：化学工业出版社，2024.1
ISBN 978-7-122-44454-7

Ⅰ.①化… Ⅱ.①胡… Ⅲ.①化工机械-机械制图-AutoCAD软件-高等学校-习题集 Ⅳ.①TQ050.2-39

中国国家版本馆CIP数据核字（2023）第217173号

责任编辑：葛瑞祎 刘 哲	文字编辑：宋 旋 温潇潇
责任校对：李露洁	装帧设计：尹琳琳

出版发行：化学工业出版社（北京市东城区青年湖南街13号 邮政编码100011）
印　　刷：北京云浩印刷有限责任公司
装　　订：三河市振勇印装有限公司
787mm×1092mm 1/8 印张11½ 字数278千字 2024年1月北京第1版第1次印刷

购书咨询：010-64518888 售后服务：010-64518899
网　　址：http://www.cip.com.cn
凡购买本书，如有缺损质量问题，本社销售中心负责调换。

定　　价：39.00元

前　言

本书是胡建生主编的《化工制图与CAD》配套教材。可作为职业本科、应用型本科化工类专业的化工制图课配套教材，亦可供成人教育相关专业使用或参考。

本书具备如下特点：

(1) 根据化工类职业本科、应用型本科的培养目标，适当降低纯理论方面的要求，强化应用性、实用性技能的训练，突出读图能力的培养；大幅删减了传统的画法几何内容，注重基本内容的介绍，降低学生完成作业的难度，突出读图能力的训练；在教学中应适当减少尺规图作业次数，适当降低手工绘图的质量要求。

(2) 全面贯彻制图国家标准和行业标准。《技术制图》和《机械制图》《建筑制图》等国家标准是绘制工程图样和制图教学内容的根本依据。本书内容所涉及的行业标准较多，近年来行业标准也进行了较大幅度的调整和更新，如机械行业标准 JB/T、化工行业标准 HG/T、能源行业标准 NB/T 等，全部在习题集中予以贯彻。

(3) 在编写过程中，将插图中的各种线型、符号画法、字体等，严格按照国家标准的规定绘制；所有插图全部认真处理，以确保图例规范、清晰，进一步提高了教材的版面质量。

(4) 为配套的《化工制图及CAD习题集》设计了三种习题答案：

① **教师备课用习题答案**。部分习题的答案不是唯一的。根据教学需求，为任课教师编写了 PDF 格式的教学参考资料，即包含所有题目的《习题答案》，以方便教师备课。

② **教师讲解习题用答案**。根据不同题型，将每道题的答案，分成单独答案、包含解题步骤的答案、配置 324 个三维实体模型、轴测图、动画演示等多种形式，教师可任意打开某道题，结合三维模型进行讲解、答疑。

③ **学生用习题答案**。习题集中 450 余道习题均给出了单独的答案并对应一个二维码，419 个二维码由教师掌控。任课教师根据教学的实际状况，可随时选择某道题的二维码，发送给任课班级的群或某个学生，学生通过扫描二维码，即可看到解题步骤或答案。

(5) 考虑到任课教师对计算机绘图软件的熟悉程度不同，本套教材配置了两种版本的教学软件，即《(本科) 化工制图教学软件 (Auto CAD 版)》和《(本科) 化工制图教学软件 (CAXA 版)》，以方便教师选用。教学软件中的内容、顺序与纸质教材无缝对接，可实现人机互动，完全可以替代教学模型和挂图。

所有配套资源都在《(本科) 化工制图教学软件》压缩文件包内。凡使用本书作为教材的教师，请加责任编辑QQ，然后加入化工制图QQ群，从群文件中选择、免费下载《(本科) 化工制图教学软件》。

参加本书编写的有：胡建生 (编写第一章、第二章、第三章、第四章)，王春华 (编写第五章、第六章)，刘维佳 (编写第七章、第九章)，张艳玲 (编写第八章、第十章)。全书由胡建生教授统稿。《(本科) 化工制图教学软件》由胡建生、王春华、刘维佳、张艳玲设计制作。

本书由史彦敏教授主审，参加审稿的还有陈清胜教授、汪正俊副教授。参加审稿的各位老师对书稿进行了认真、细致的审查，提出了许多宝贵意见和修改建议，在此表示衷心感谢。

欢迎广大读者特别是任课教师指正，并将使用过程中发现的问题或建议反馈给我们 (主编QQ：1075185975；责任编辑QQ：455590372)。

编　者

目　　录

第一章　制图的基本知识和技能

1-1　填空选择题

班级　　　　　姓名　　　　　学号

1-1-1　填空题。

（1）将 A0 幅面的图纸裁切三次，应得到（　　）张图纸，其幅面代号为（　　）。

（2）要获得 A4 幅面的图纸，需将 A0 幅面的图纸裁切（　　）次，可得到（　　）张图纸。

（3）A4 幅面的尺寸（$B×L$）是（　　×　　）；A3 幅面的尺寸（$B×L$）是（　　×　　）。

（4）用放大 1 倍的比例绘图，在标题栏的"比例"栏中应填写（　　）。

（5）1∶2 是放大比例还是缩小比例?（　　）

（6）若采用 1∶5 的比例绘制一个直径为 $\phi40mm$ 的圆时，其绘图直径为（　　）mm。

（7）国家标准规定，图样中汉字应写成（　　）体，汉字字宽约为字高 h 的（　　）倍。

（8）字体的号数，即字体的（　　）。"4"号是国家标准规定的字高吗?（　　）

（9）国家标准规定，可见轮廓线用（　　）表示;不可见轮廓线用（　　）表示。

（10）在机械图样中，粗线和细线的线宽比例为（　　）。

（11）在机械图样中一般采用（　　）作为尺寸线的终端。

（12）机械图样中的角度尺寸一律（　　）方向注写。

1-1-2　选择题。

（13）制图国家标准规定，图纸幅面尺寸应优先选用（　　）种基本幅面尺寸。

　　A. 3　　　　　B. 4　　　　　C. 5　　　　　D. 6

（14）制图国家标准规定，必要时图纸幅面尺寸可以沿（　　）边加长。

　　A. 长　　　　　B. 短　　　　　C. 斜　　　　　D. 各

（15）某产品用放大 1 倍的比例绘图，在其标题栏"比例"栏中应填（　　）。

　　A. 放大 1 倍　　B. 1×2　　　　C. 2/1　　　　D. 2∶1

（16）绘制机械图样时，应采用机械制图国家标准规定的（　　）种图线。

　　A. 7　　　　　B. 8　　　　　C. 9　　　　　D. 10

（17）机械图样中常用的图线线型有粗实线、（　　）、细虚线、细点画线等。

　　A. 轮廓线　　　B. 边框线　　　C. 细实线　　　D. 轨迹线

（18）在绘制图样时，其断裂处的分界线，一般采用国家标准规定的（　　）线绘制。

　　A. 细实　　　　B. 波浪　　　　C. 细点画　　　D. 细双点画

1-1-3　选择题。

（19）制图国家标准规定，字体高度的公称尺寸系列共分为（　　）种。

　　A. 5　　　　　B. 6　　　　　C. 7　　　　　D. 8

（20）制图国家标准规定，字体的号数，即字体的高度，单位为（　　）米。

　　A. 分　　　　　B. 厘　　　　　C. 毫　　　　　D. 微

（21）制图国家标准规定，字体高度的公称尺寸系列为 1.8、2.5、3.5、5、（　　）、10、14、20。

　　A. 6　　　　　B. 7　　　　　C. 8　　　　　D. 9

（22）制图国家标准规定，汉字要书写更大的字，字高应按（　　）比率递增。

　　A. 3　　　　　B. 2　　　　　C. $\sqrt{3}$　　　　D. $\sqrt{2}$

（23）图样中数字和字母分为（　　）两种字型。

　　A. 大写和小写　B. 简体和繁体　C. A 型和 B 型　D. 中文和英文

（24）制图国家标准规定，字母写成斜体时，字头向右倾斜，与水平基准成（　　）。

　　A. 60°　　　　B. 75°　　　　C. 120°　　　　D. 135°

1-1-4　选择题。

（25）零件的每一尺寸，一般只标注（　　），并应注在反映该结构最清晰的图形上。

　　A. 一次　　　　B. 二次　　　　C. 三次　　　　D. 四次

（26）机械零件的真实大小应以图样上（　　）为依据，与图形的大小及绘图的准确度无关。

　　A. 所注尺寸数值　B. 所画图样形状　C. 所标绘图比例　D. 所加文字说明

（27）机械图样上所注的尺寸，为该图样所示零件的（　　），否则应另加说明。

　　A. 留有加工余量尺寸　B. 最后完工尺寸　C. 加工参考尺寸　D. 有关测量尺寸

（28）标注圆的直径尺寸时，一般（　　）应通过圆心，箭头指到圆弧上。

　　A. 尺寸线　　　B. 尺寸界线　　C. 尺寸数字　　D. 尺寸箭头

（29）标注（　　）尺寸时，应在尺寸数字前加注直径符号 ϕ。

　　A. 圆的半径　　B. 圆的直径　　C. 圆球的半径　D. 圆球的直径

（30）1 毫米等于（　　）。

　　A. 100 丝米　　B. 100 忽米　　C. 100 微米　　D. 1000 微米

作业指导书（一）

一、作业目的
（1）熟悉主要线型的规格，掌握图框及标题栏的画法。
（2）练习使用绘图工具。

二、内容与要求
（1）按教师指定的图例，抄画图形。
（2）用 A4 图纸，竖放，不注尺寸，比例为 1 : 1。

三、作图步骤
（1）画底稿（用 2H 或 3H 铅笔）。

① 画图框及对中符号。
② 在右下角画标题栏（见教材图 1-6）。
③ 按图例中所注的尺寸，开始作图。
④ 校对底稿，擦去多余的图线。
（2）铅笔加深（用 HB 或 B 铅笔）。
① 画粗实线圆、细虚线圆和细点画线圆。
② 依次画出水平方向和垂直方向的直线。
③ 画 45°的斜线，斜线间隔约 3mm（目测）。本习题集文字叙述和图例中的尺寸单位均为毫米。
④ 用长仿宋体字填写标题栏（参见下图）。

四、注意事项
（1）绘图前，预先考虑图例所占的面积，将其布置在图纸有效幅面（标题栏以上）的中心区域。
（2）粗实线宽度采用0.7mm。细虚线每一小段长度为3～4mm，间隙约为1mm；细点画线每段长度为15～20mm，间隙及作为点的短画共约为3mm；细虚线和细点画线的线段与间隔，在画底稿时就应正确画出。
（3）箭头的尾部宽约为0.7mm，箭头长度约为4mm。
（4）加深时，圆规的铅芯应比画直线的铅笔软一号。

五、图例（下方）

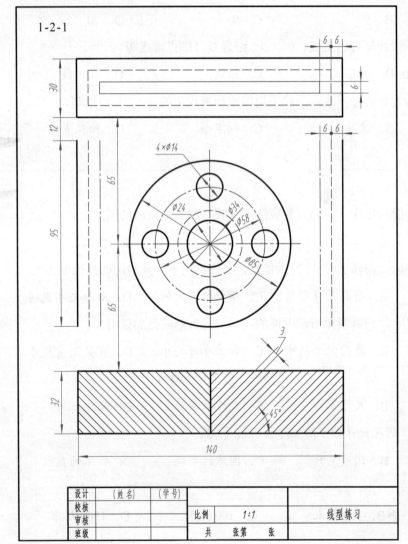

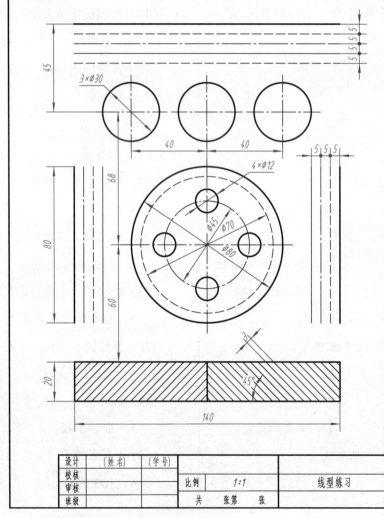

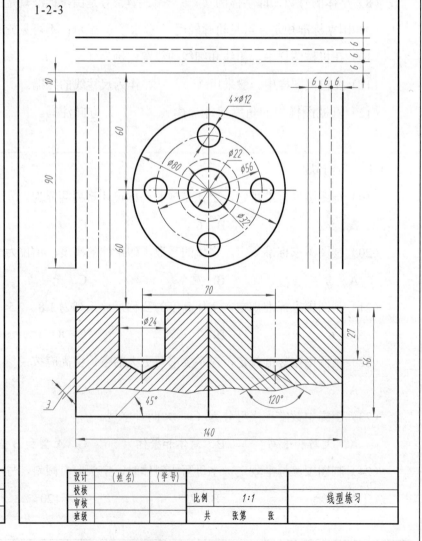

1-3-1　选择填空。

（1）机械图样中的尺寸一般以（　　）为单位时，不需标注其计量单位符号，若采用其他计量单位时必须标明。

　A. m　　　B. dm　　　C. cm　　　D. mm

（2）国家标准规定，标注板状零件厚度时，必须在尺寸数字前加注厚度符号（　　）。

　A. δ　　　B. R　　　C. t　　　D. k

（3）m 和 mm 单位符号的名称分别为（　　）、（　　）。

　A. 米　　　B. 分米　　　C. 厘米　　　D. 毫米

（4）360μm=（　　）mm。

　A. 0.036　　B. 0.36　　C. 3.6　　D. 36

（5）在双折线的几种画法中，（　　）是国际上通用且为我国现行标准所采用的画法。

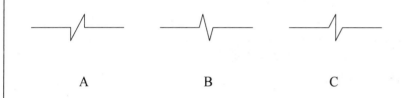

　　A　　　　　　B　　　　　　C

（6）根据标题栏的方位和看图方向的规定，下列 A3 图幅（　　）格式是正确的。

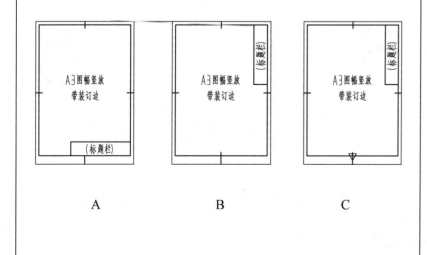

　　A　　　　　　B　　　　　　C

1-3-2　下列三组图形绘图比例不同，（　　）图的尺寸标注是正确的。

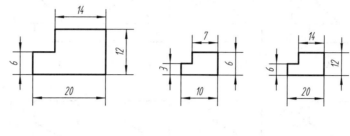

　　A　　　　　　B　　　　　　C

1-3-3　下列两幅图形绘图比例不同，（　　）图的尺寸标注是正确的。

　　　　A　　　　　　　　B

1-3-4　下列两图尺寸标注（　　）图是错误的。请将错误原因代号标在相应部位。

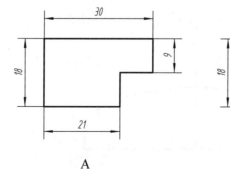

　　　　A　　　　　　　　B

① 尺寸界线画得过长。　② 尺寸界线未与轮廓线接触。
③ 尺寸线与轮廓线距离过大。　④ 尺寸线与轮廓线距离过小。

1-3-5　图中（　　）的尺寸标注符合标准规定。

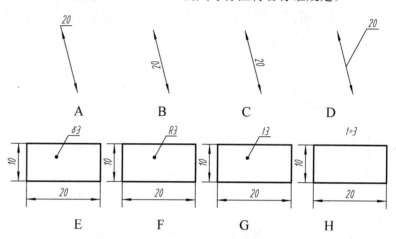

　　A　　　　B　　　　C　　　　D

　　E　　　　F　　　　G　　　　H

1-3-6　图中（　　）的尺寸标注是正确的。

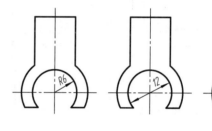

　　A　　　　B　　　　C　　　　D

1-3-7　找出直径标注（错误）图例中的错误之处，说明其错误原因。

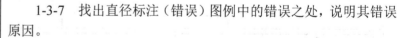

（正确）　（正确）　（正确）　（正确）

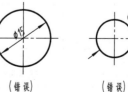

（错误）　（错误）　（错误）　（错误）

1-4-1　选择题；标注尺寸。

1-4-1-1　根据标题栏的方位和看图方向的规定，下列图幅（　　　）格式是正确的。

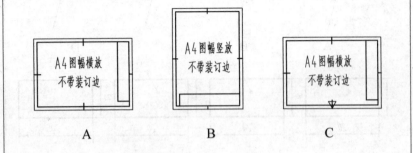

1-4-1-2　根据标题栏的方位和看图方向的规定，下列图幅（　　　）格式是正确的。

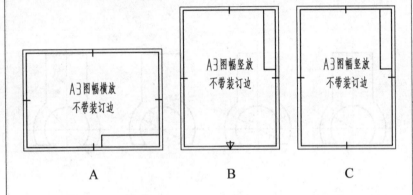

1-4-1-3　按国家标准规定，注出幅面尺寸、装订边宽度和其他留边宽度。

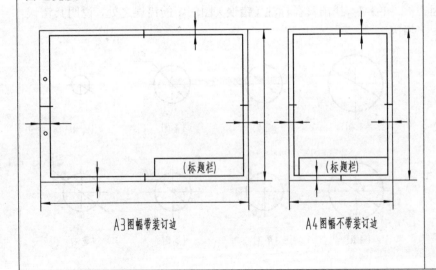

1-4-2　判断角度标注：（　　　　　　　）正确，在错误图例中圈出错误部位。

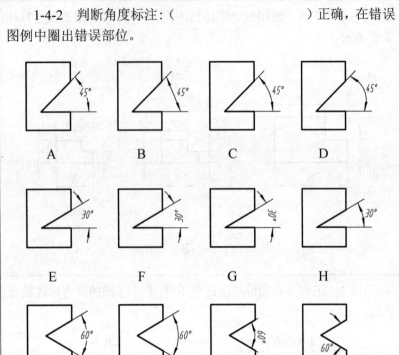

1-4-3　按1∶1的比例标注直径或半径尺寸，尺寸数值从图中量取整数。

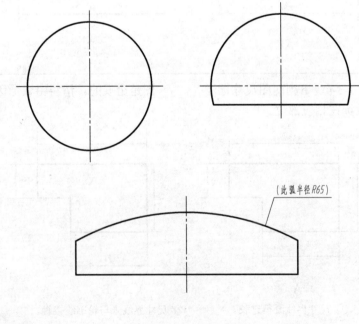

（此弧半径R65）

1-4-4　判断半径标注：（　　　　　　　）正确，在错误图例中圈出错误部位。

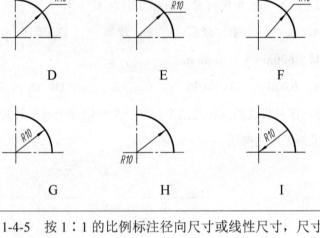

1-4-5　按1∶1的比例标注径向尺寸或线性尺寸，尺寸数值从图中量取整数。

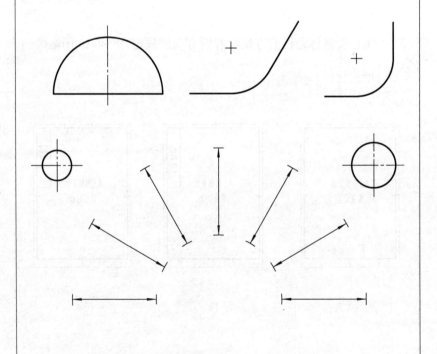

1-5-1 按 1:1 的比例标注尺寸，尺寸数值从图中量取整数。

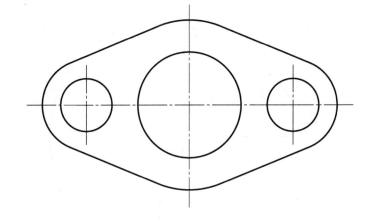

1-5-2 按 1:1 的比例标注尺寸，尺寸数值从图中量取整数。

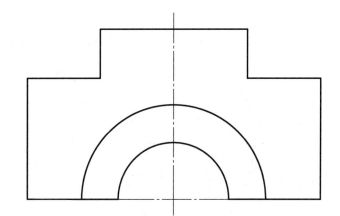

1-5-3 按 1:1 的比例标注尺寸，尺寸数值从图中量取整数。

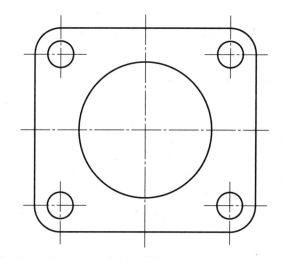

1-5-4 按 1:1 的比例标注尺寸，尺寸数值从图中量取整数。

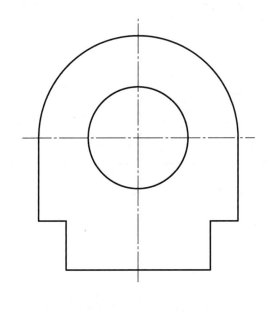

1-5-5 按 1:1 的比例标注尺寸，尺寸数值从图中量取整数。

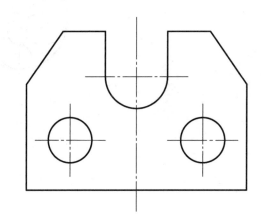

1-5-6 按 1:1 的比例标注尺寸，尺寸数值从图中量取整数。

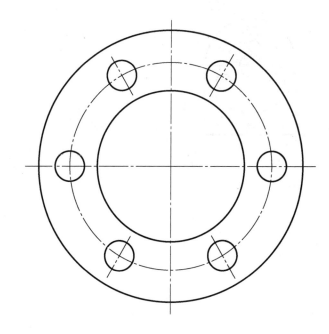

1-6-1   作直线 *AB* 的垂直平分线；以 *CD* 为底边作正三角形。

A ——————————— B

C ——————— D

1-6-2   利用圆（分）规作内接正三边形，顶点在上方。

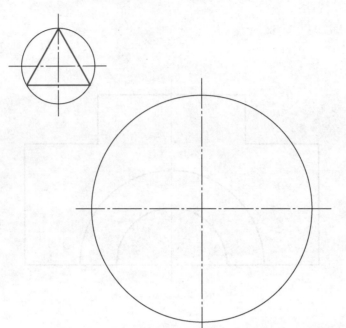

1-6-3   利用圆（分）规作内接正六边形，顶点在上方。

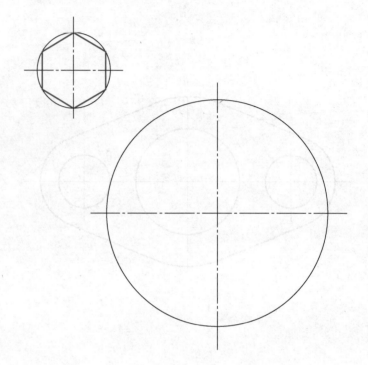

1-6-4   根据图例中给定的尺寸，按 1：1 的比例画出图形，并标注尺寸。

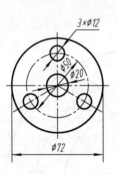

3×φ12
φ50
φ20
φ72

1-6-5   根据图例中给定的尺寸，按 1：1 的比例画出图形，并标注尺寸。

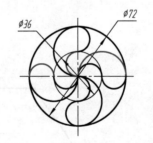

φ36   φ72

1-7-1 按 1∶1 的比例完成下面的图形，保留求连接弧圆心和连接点（切点）的作图线。

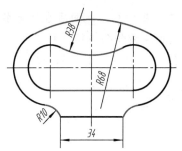

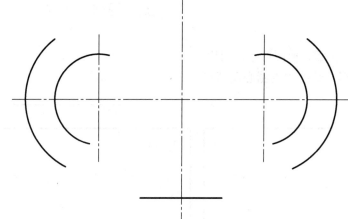

1-7-2 按 1∶1 的比例完成下面的图形，保留求连接弧圆心和连接点（切点）的作图线。

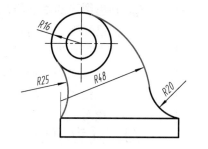

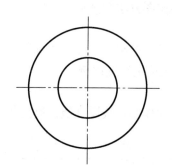

1-7-3 按 1∶1 的比例完成下面的图形，保留求连接弧圆心和连接点（切点）的作图线。

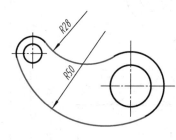

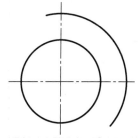

1-7-4 按 1∶1 的比例完成下面的图形，保留求连接弧圆心和连接点（切点）的作图线。

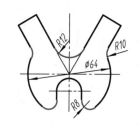

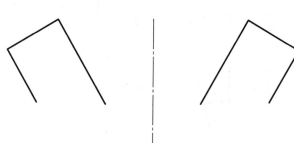

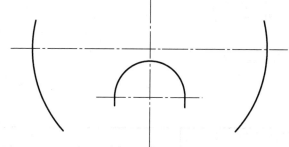

作业指导书（二）

一、目的

（1）熟悉平面图形的绘图步骤和尺寸注法。

（2）掌握线段连接的作图方法和技巧。

二、内容与要求

（1）按教师指定的题号，绘制平面图形并标注尺寸。

（2）用 A4 图纸，自己选定绘图比例。

三、作图步骤

（1）分析图形中的尺寸作用及线段性质，确定作图步骤。

（2）画底稿。

① 画图框、对中符号和标题栏。

② 画出图形的基准线、对称中心线等。

③ 按已知弧、中间弧、连接弧的顺序，画出图形。

④ 画出尺寸界线、尺寸线。

（3）检查底稿，描深图形。

（4）标注尺寸、填写标题栏。

（5）校对，修饰图面。

四、注意事项

（1）布置图形时，应留足标注尺寸的位置，使图形布置匀称。

（2）画底稿时，作图线应细淡而准确，连接弧的圆心及切点要准确。

（3）加深时必须细心，按"先粗后细，先曲后直，先水平后垂直、倾斜"的顺序绘制，尽量做到同类图线规格一致、连接光滑。

（4）箭头应符合规定，并且大小一致。不要漏注尺寸或漏画箭头。

（5）作图过程中要保持图面清洁。

五、图例（下方）

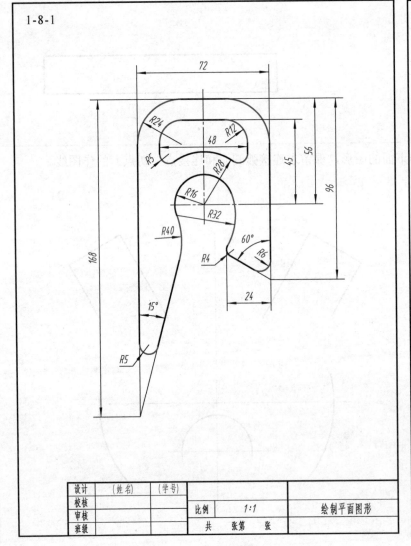

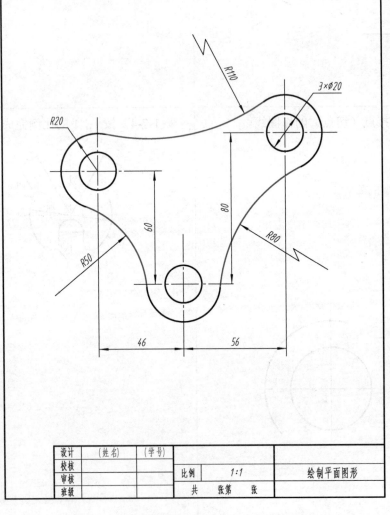

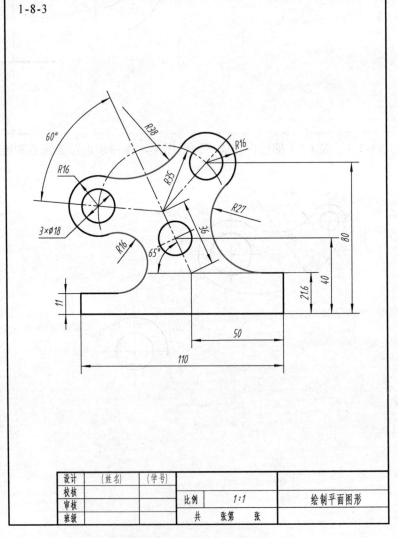

1-9-1 按图例中给定的斜度，补画下列图形中所缺的图线。

1-9-2 按图例中给定的尺寸（比例为 1∶1）抄画图形，并标注斜度。

1-9-3 用四心近似画法画椭圆，长轴为 90mm，短轴为 50mm。

1-9-4 按图例中给定的锥度，补画下列图形中所缺的图线。

1-9-5 按图例中给定的尺寸（比例为 1∶1）抄画图形，并标注锥度。

1-9-6 用辅助同心圆法画椭圆，长轴为 90mm，短轴为 50mm。

2-1 观察三视图，辨认其相应的轴测图，并在○内填写对应的序号

班级　　　　姓名　　　　学号

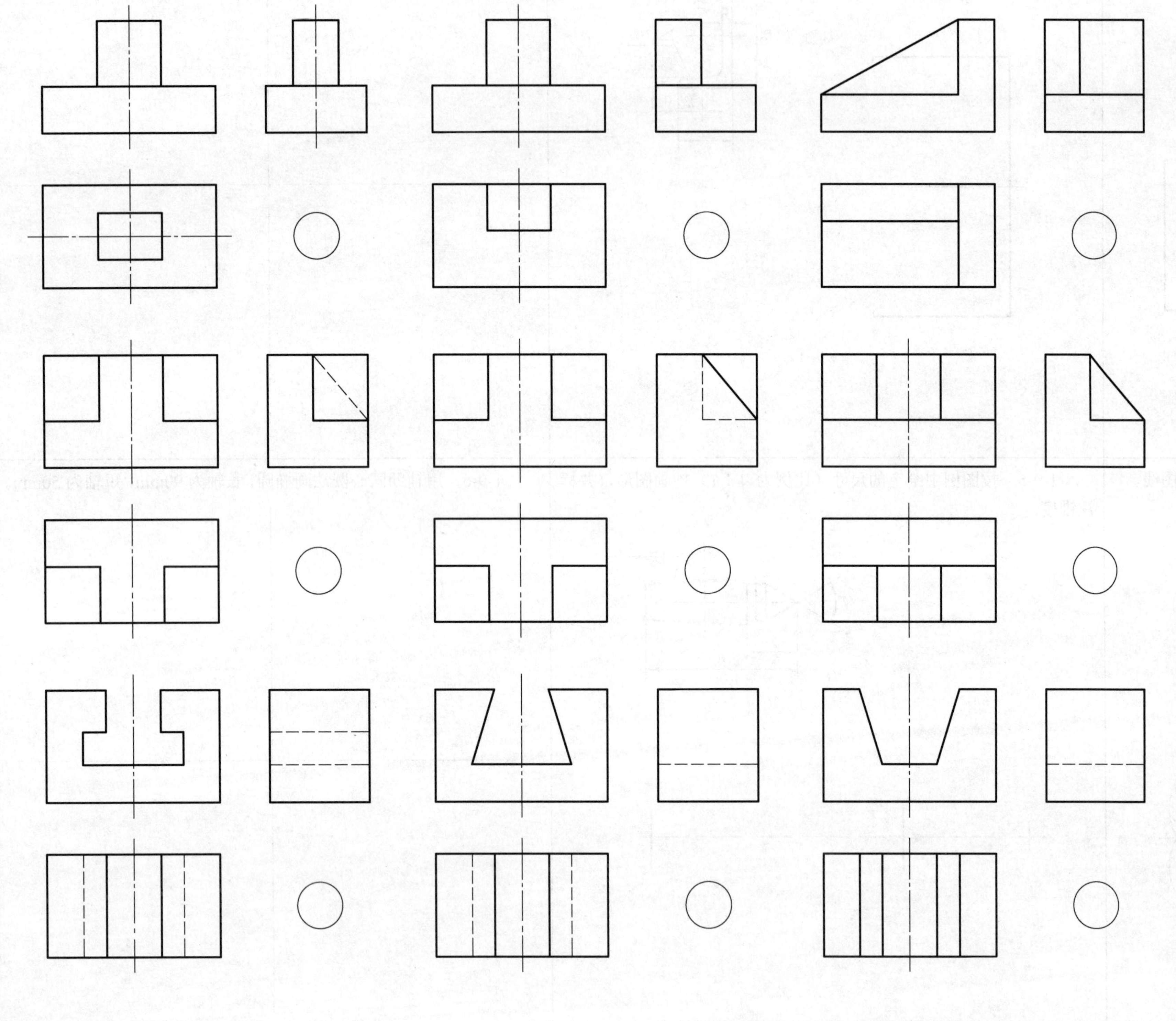

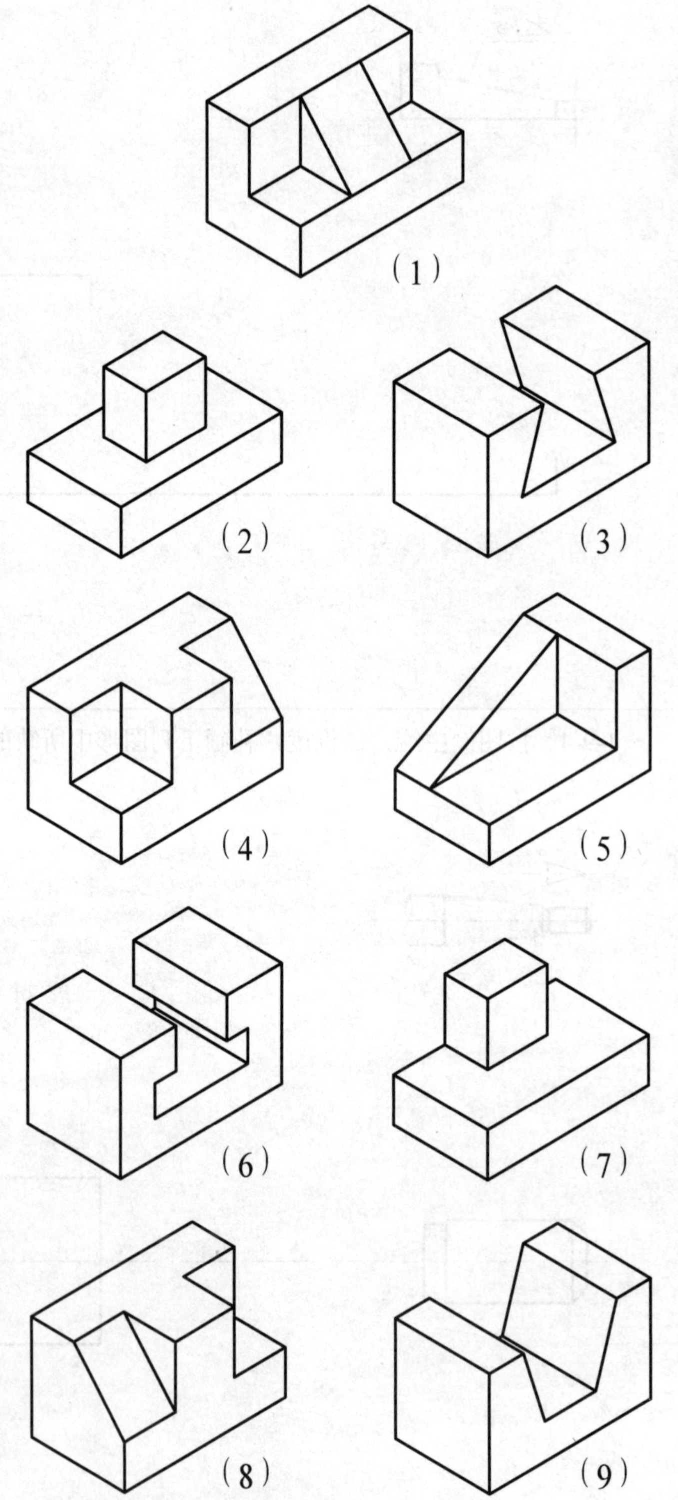

（1）

（2）

（3）

（4）

（5）

（6）

（7）

（8）

（9）

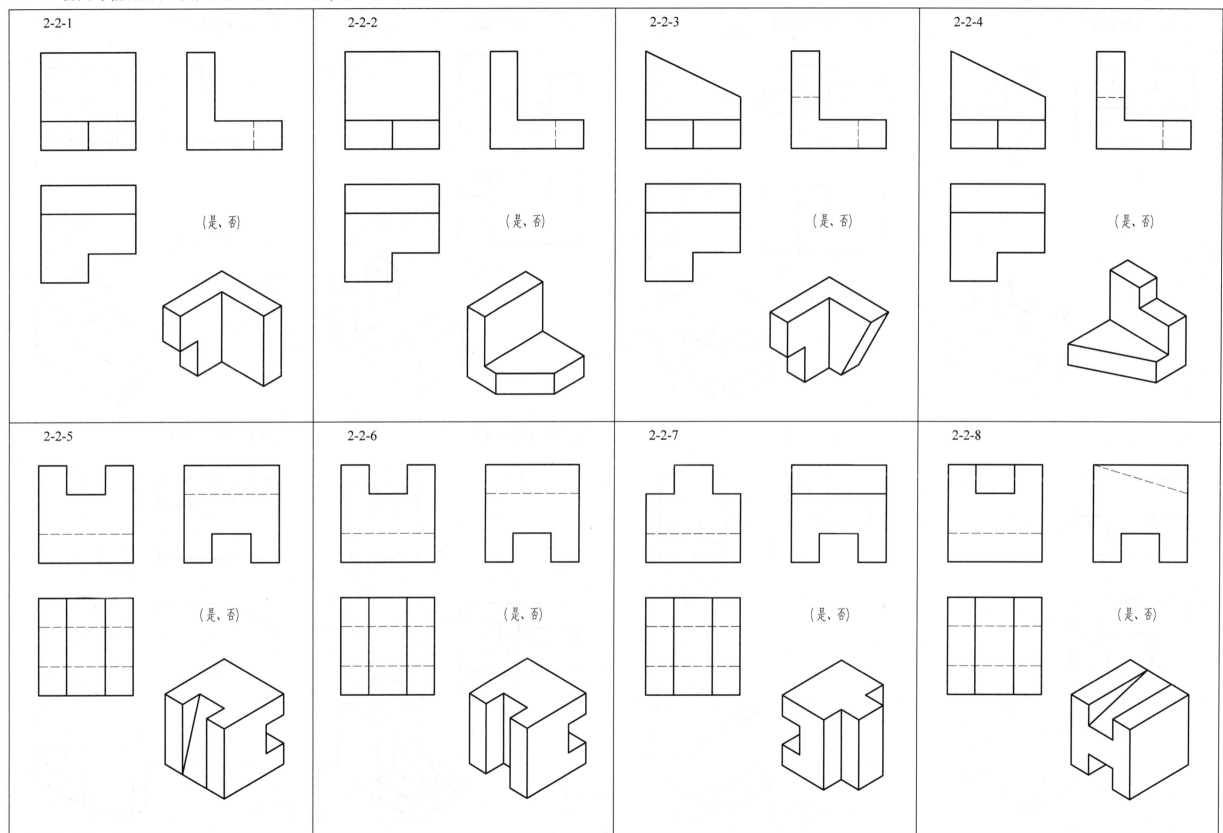

2-2-1 （是、否）

2-2-2 （是、否）

2-2-3 （是、否）

2-2-4 （是、否）

2-2-5 （是、否）

2-2-6 （是、否）

2-2-7 （是、否）

2-2-8 （是、否）

2-3-1 补画俯视图。

2-3-2 补画左视图。

2-3-3 补画左视图。

2-3-4 补画俯视图。

2-3-5 补画左视图。

2-3-6 补画俯视图。

2-3-7 补画主视图。

2-3-8 补画左视图。

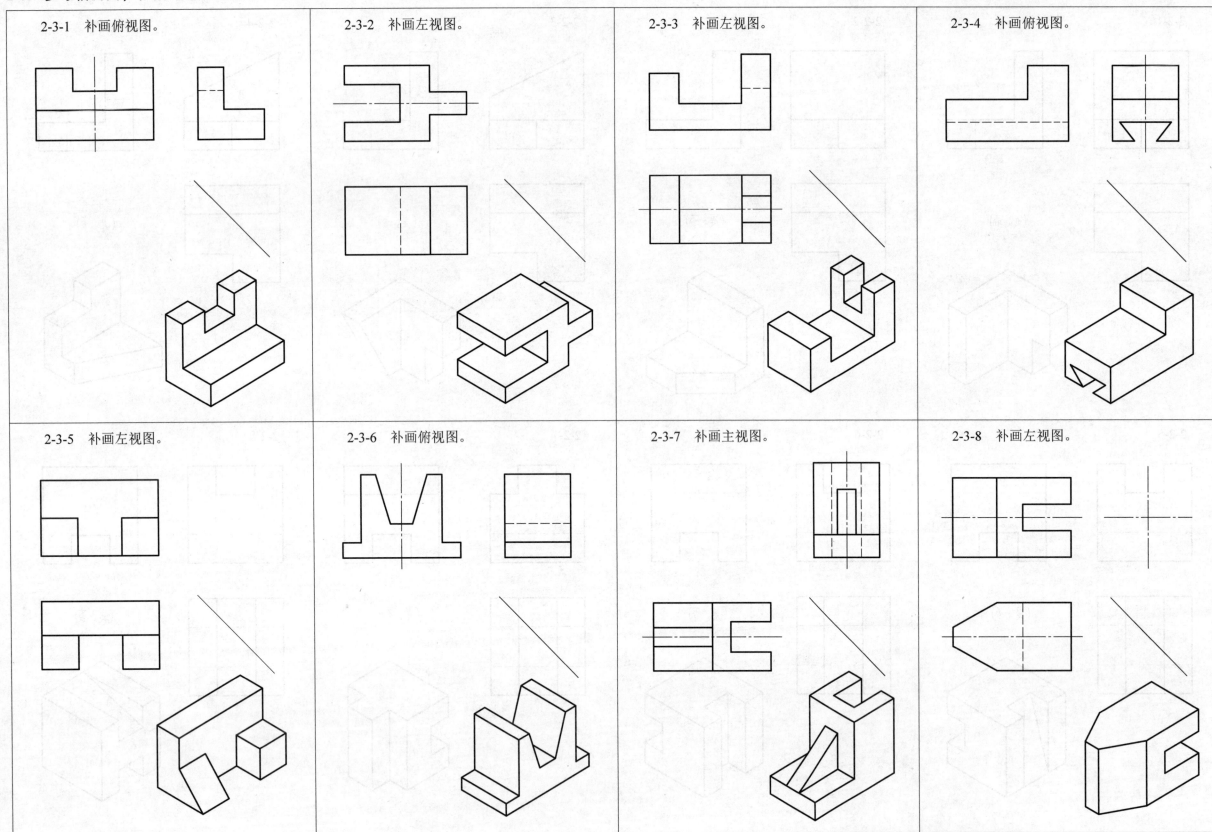

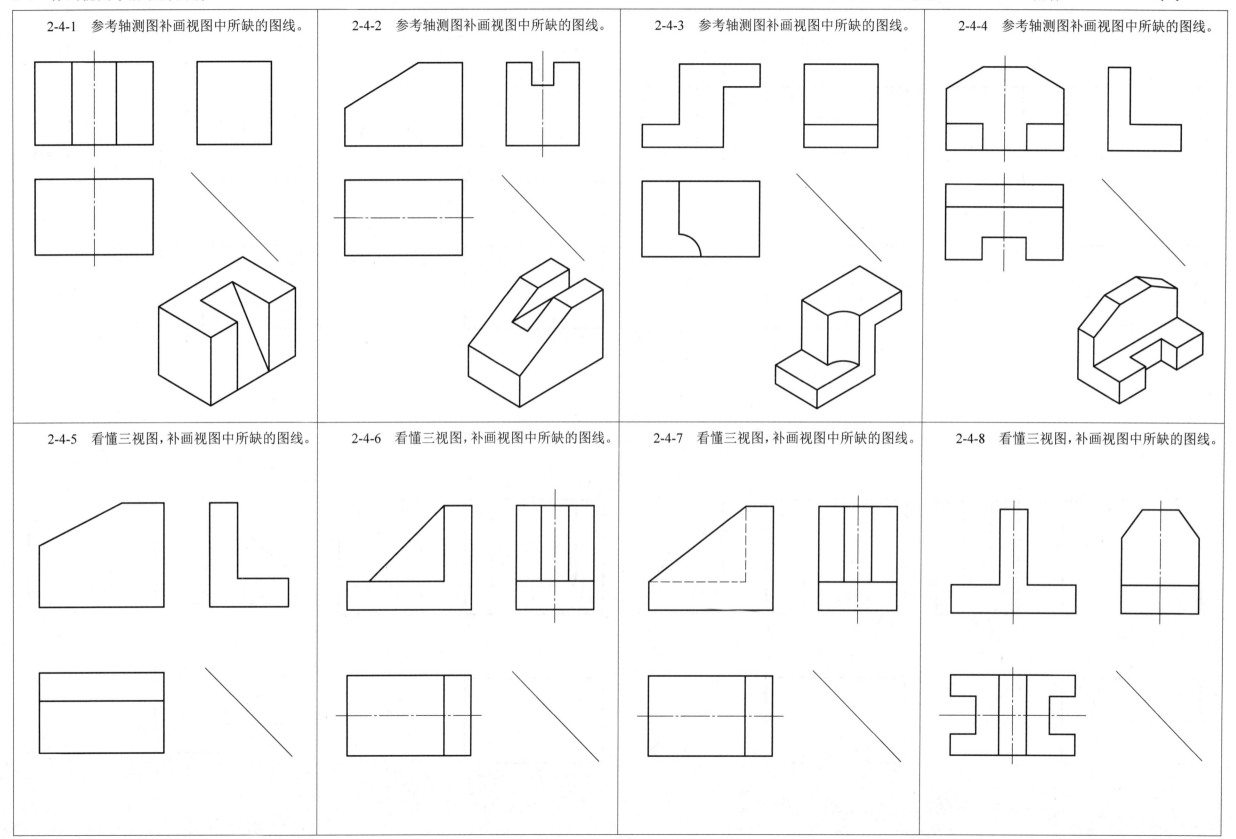

2-4-1　参考轴测图补画视图中所缺的图线。

2-4-2　参考轴测图补画视图中所缺的图线。

2-4-3　参考轴测图补画视图中所缺的图线。

2-4-4　参考轴测图补画视图中所缺的图线。

2-4-5　看懂三视图，补画视图中所缺的图线。

2-4-6　看懂三视图，补画视图中所缺的图线。

2-4-7　看懂三视图，补画视图中所缺的图线。

2-4-8　看懂三视图，补画视图中所缺的图线。

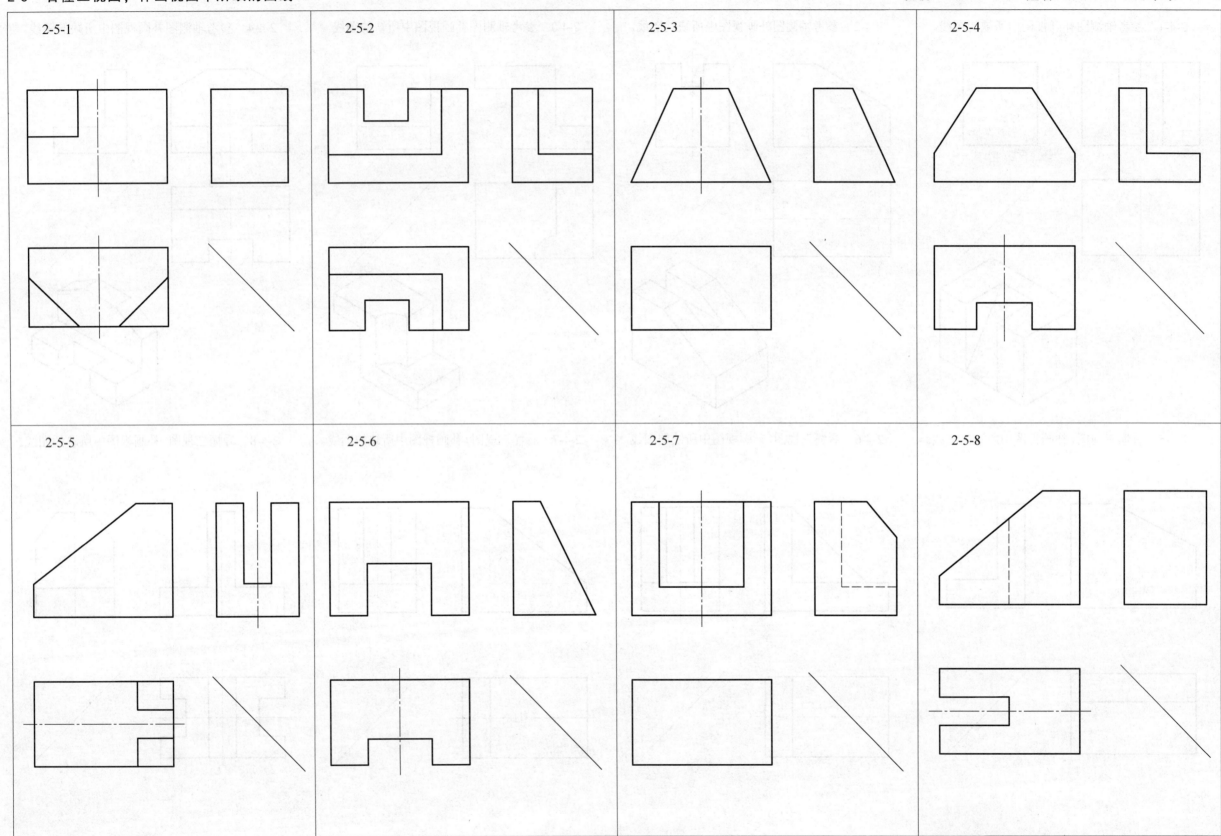

2-5-1　2-5-2　2-5-3　2-5-4

2-5-5　2-5-6　2-5-7　2-5-8

2-6-1　作点 A（15，27，30）、点 B（30，0，23）的三面投影。

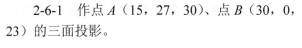

2-6-2　已知点 B 在点 A 的右 22mm、下 20mm、前 12mm 处，求作点 B 的三面投影。

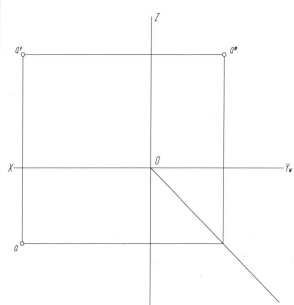

2-6-3　已知点的两面投影，求作第三面投影。

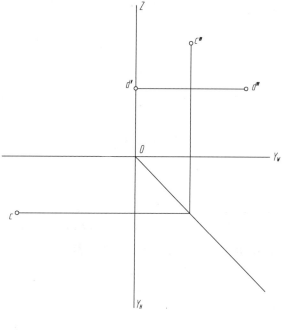

2-6-4　已知两点的一面投影，点 E 距 V 面 32mm，点 F 在 H 面上，求点 E、点 F 的另两面投影。

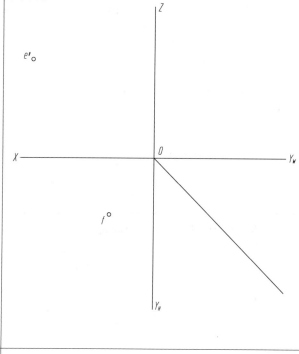

2-6-5　判别 A、B、C 三点的空间位置。

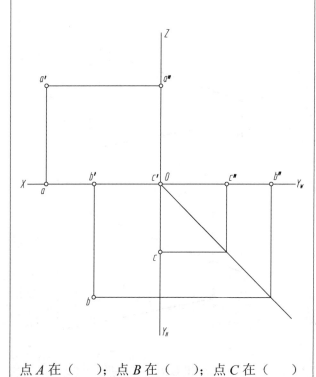

点 A 在（　　）；点 B 在（　　）；点 C 在（　　）

2-6-6　已知点 B 在点 A 的左17mm、前13mm、上 12mm 处，求点 B 的三面投影。

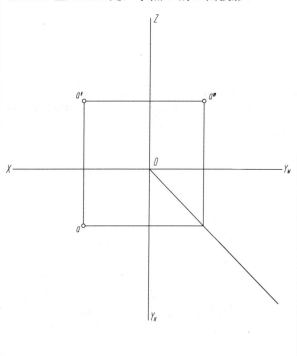

2-6-7　说明 B、C 两点相对于点 A 的位置（指出左右、前后、上下方向）。

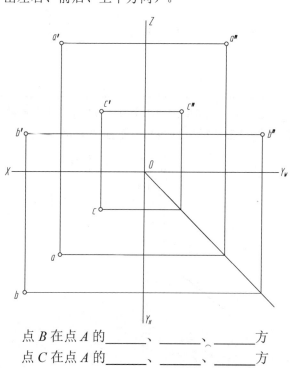

点 B 在点 A 的＿＿＿、＿＿＿、＿＿＿方
点 C 在点 A 的＿＿＿、＿＿＿、＿＿＿方

2-6-8　已知点 B 在点 A 的正下方 15mm 处，根据两点的相对位置，作出点 B 的投影，并判别重影点的可见性。

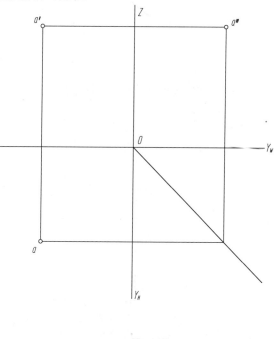

2-7-1　判断 AB 直线的空间位置。

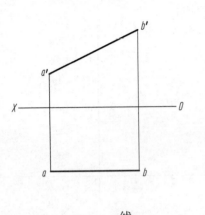

_____线

2-7-2　判断 AB 直线的空间位置。

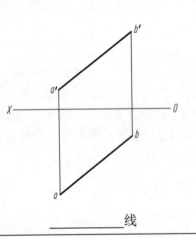

_____线

2-7-3　判断 EF 直线的空间位置。

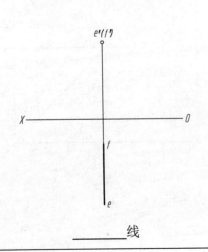

_____线

2-7-4　过点 C 作正平线 CD，使其对 H 面的倾角为 30°，CD=20mm。有几解？

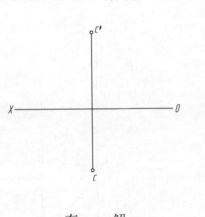

有_____解

2-7-5　已知侧平线距 W 面 18mm，α=60°，AB=17mm，补全侧平线的三面投影。

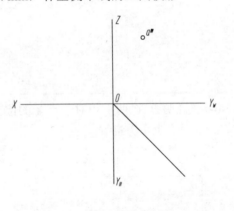

2-7-6　已知直线 AB 平行于 H 面，补全直线的三面投影，标出直线与投影面的倾角。

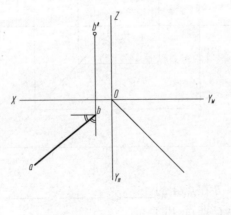

2-7-7　已知直线 AB 平行于 V 面，补全直线的三面投影，标出直线与投影面的倾角。

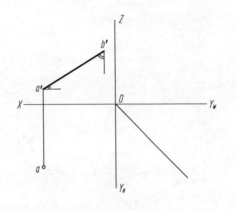

2-7-8　已知直线 EF 垂直于 V 面、距 W 面 15mm，补全直线的三面投影。

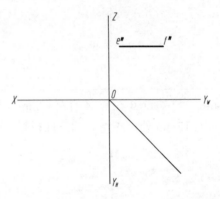

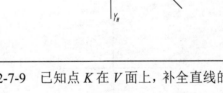

2-7-9　已知点 K 在 V 面上，补全直线的三面投影。

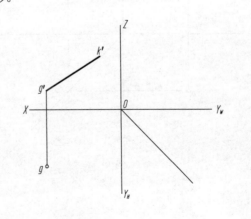

2-7-10　判别 AB 和 CD 两直线的相对位置。

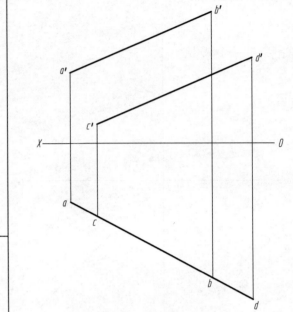

AB 和 CD_____

2-7-11　判别 EF 和 GH 两直线的相对位置。

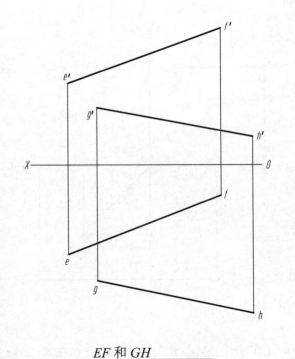

EF 和 GH_____

16

2-8-1 判别 AB 和 CD 两直线的相对位置。

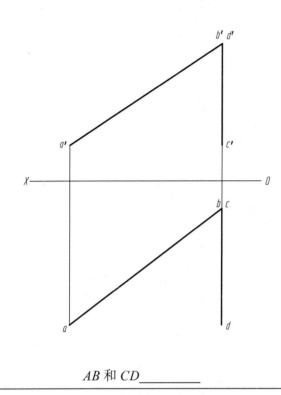

AB 和 CD _____

2-8-2 补画第三面投影，判别 AB 和 CD 两直线的相对位置。

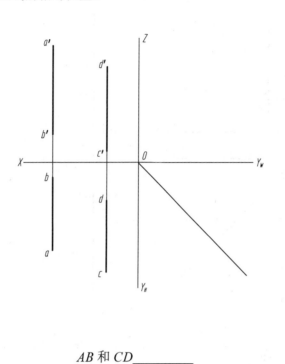

AB 和 CD _____

2-8-3 作一水平线距 H 面 30mm，且与 AB 和 CD 两直线相交。

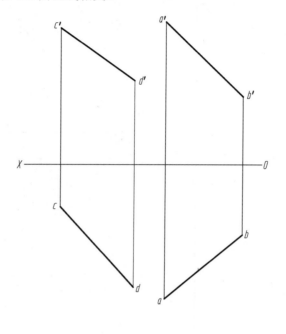

2-8-4 判别两交叉直线重影点的可见性。

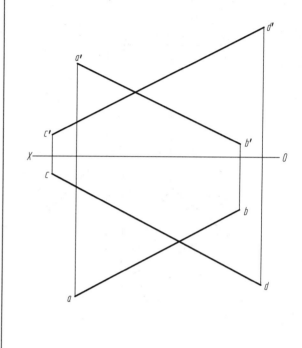

2-8-5 过点 A 作直线 AB 平行于直线 DE；过点 A 作直线 AC 与直线 DE 相交，其交点距 H 面 22mm。

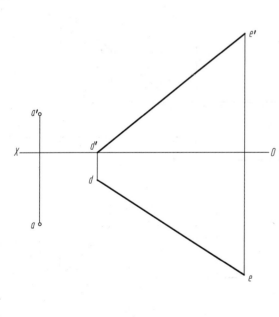

2-8-6 试作一直线，使其与直线 AB 及 CD 均相交，且平行于 OX 轴。

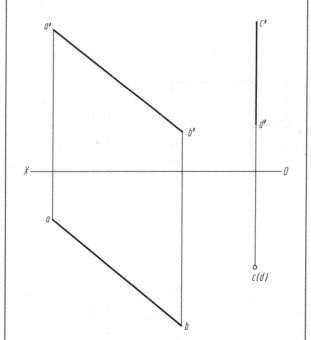

2-8-7 试作一直线 GH 平行于直线 AB，且与直线 CD、EF 相交。

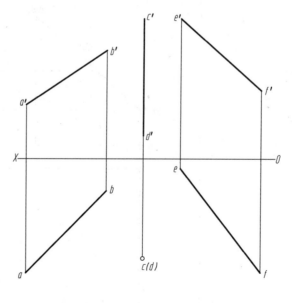

2-8-8 在直线 AB 上求一点 K，使点 K 与 H、V 面距离相同。

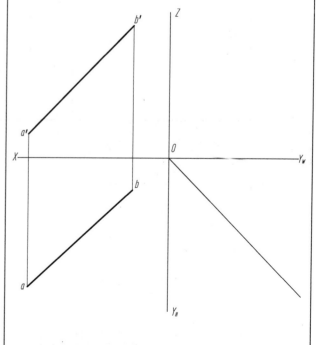

2-9-1 补画三角形的第三面投影，判别其空间位置。

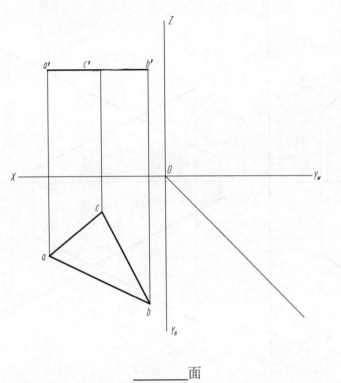

_____面

2-9-2 补画三角形的第三面投影，判别其空间位置，并标出平面与投影面的倾角。

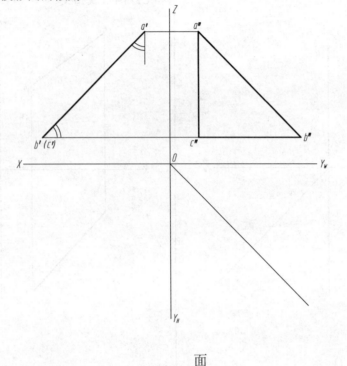

_____面

2-9-3 补画三角形的第三面投影，判别其空间位置。

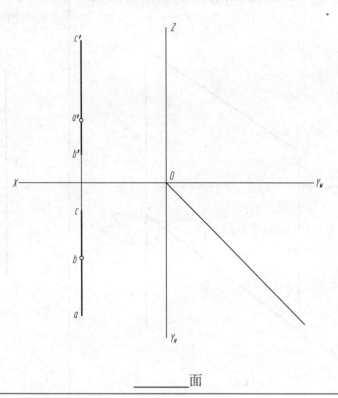

_____面

2-9-4 补全六边形的第三面投影，判别其空间位置，并标出平面与投影面的倾角。

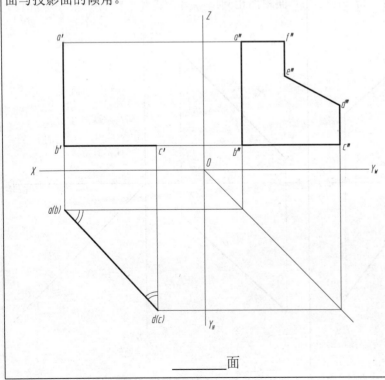

_____面

2-9-5 补全八边形的第三面投影，判别其空间位置，并标出平面与投影面的倾角。

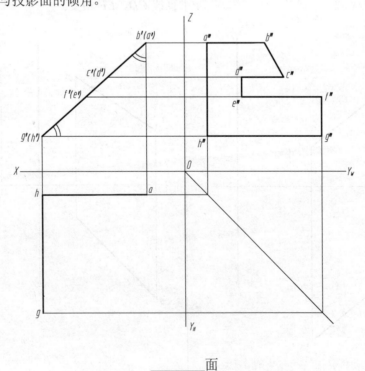

_____面

2-9-6 补全七边形的第三面投影，判别其空间位置，并标出平面与投影面的倾角。

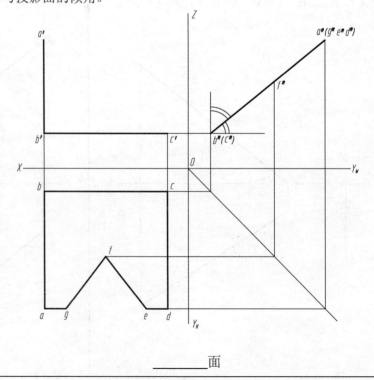

_____面

2-10-1　E、F 两点在已知平面内，求它们的另一投影。

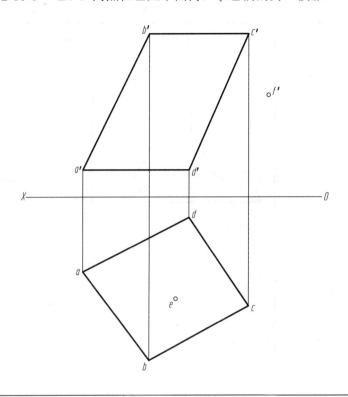

2-10-2　直线 MN 在已知平面内，求它们的另一投影。

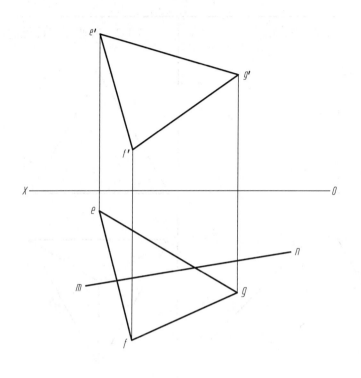

2-10-3　完成平面四边形 ABCD 的正面投影。

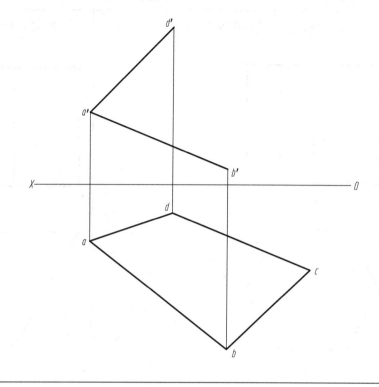

2-10-4　已知点 K 属于△ABC 平面，完成△ABC 的正面投影。

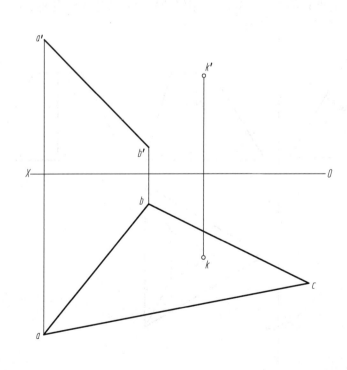

2-10-5　在△ABC 内作距 H 面为 30 mm 的水平线。

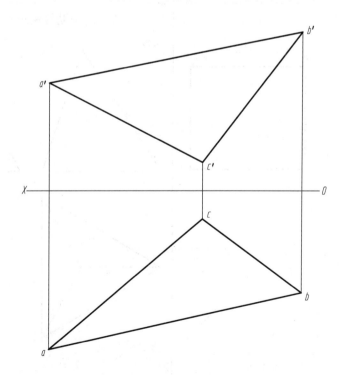

2-10-6　已知平面 ABCD 的对角线 AC 为正平线，完成平面的水平投影。

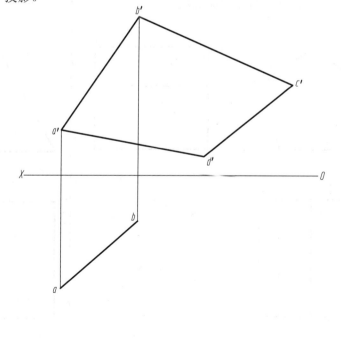

19

第三章 立体及其表面交线

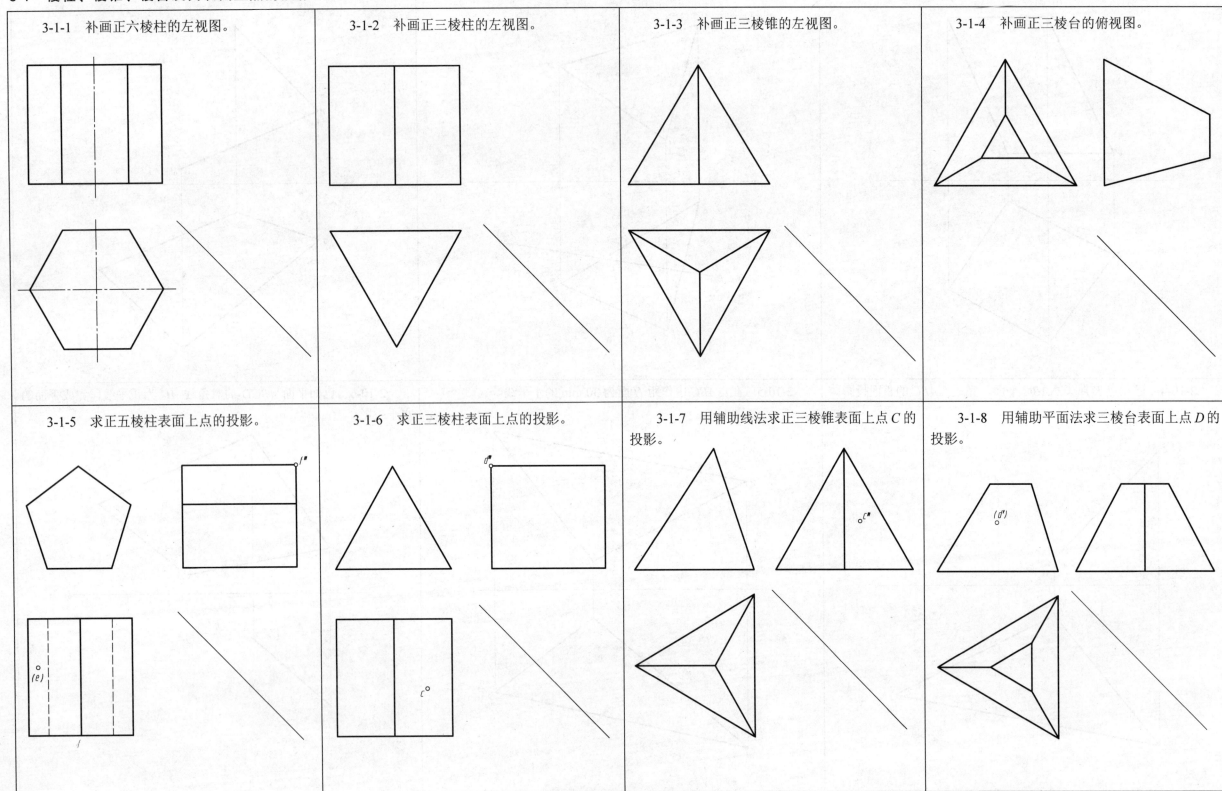

3-1-1 补画正六棱柱的左视图。

3-1-2 补画正三棱柱的左视图。

3-1-3 补画正三棱锥的左视图。

3-1-4 补画正三棱台的俯视图。

3-1-5 求正五棱柱表面上点的投影。

3-1-6 求正三棱柱表面上点的投影。

3-1-7 用辅助线法求正三棱锥表面上点 C 的投影。

3-1-8 用辅助平面法求三棱台表面上点 D 的投影。

3-2-1　补全不完整圆柱的三视图。

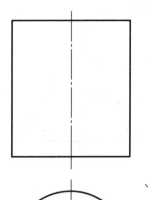

3-2-2　补画带孔圆台的俯视图。

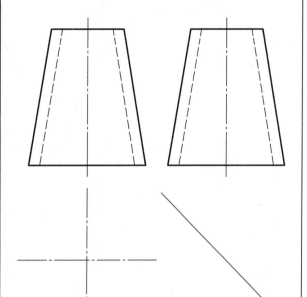

3-2-3　用辅助素线法求圆锥表面上点的投影。

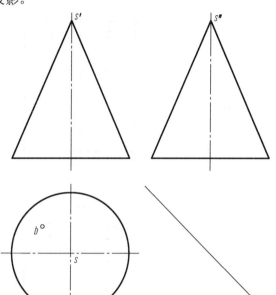

3-2-4　用辅助圆法求圆锥表面上点的投影。

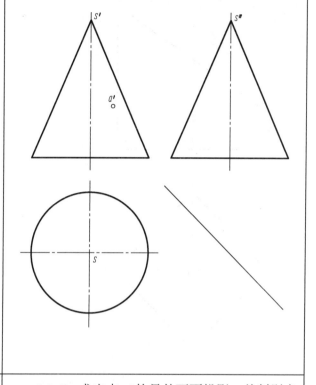

3-2-5　求圆柱表面上点的投影。

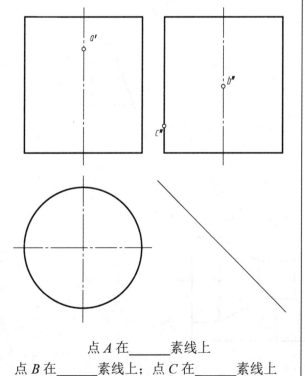

点 A 在_____素线上
点 B 在_____素线上；点 C 在_____素线上

3-2-6　求圆柱表面上点的投影。

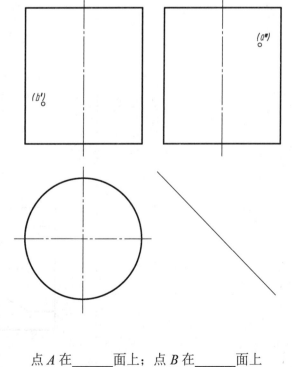

点 A 在_____面上；点 B 在_____面上

3-2-7　补全点的投影，并判别点的空间位置。

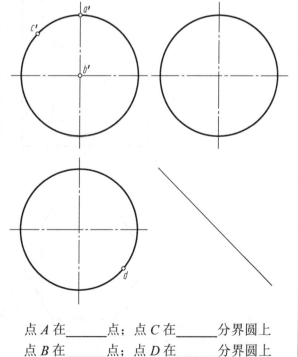

点 A 在_____点；点 C 在_____分界圆上
点 B 在_____点；点 D 在_____分界圆上

3-2-8　求出点 A 的另外两面投影，并判别点的空间位置。

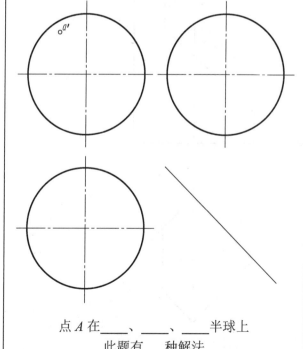

点 A 在___、___、___半球上
此题有___种解法

21

3-3-1 补画四棱柱被截切后的左视图。

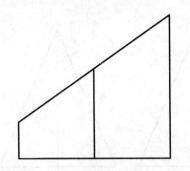

3-3-2 补画六棱柱被切槽后的左视图。

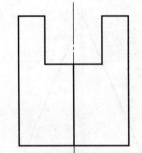

3-3-3 补画三棱柱被截切后的俯视图。

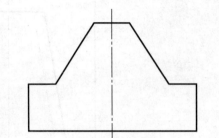
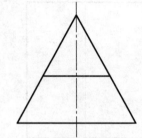

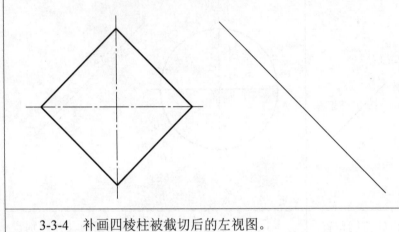

3-3-4 补画四棱柱被截切后的左视图。

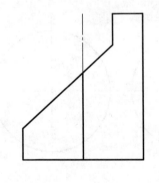
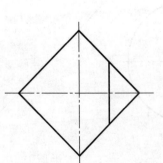

3-3-5 补画六棱柱被截切后的左视图。

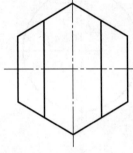
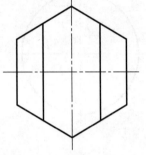
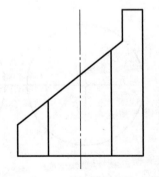
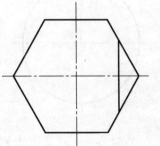
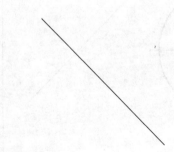

3-3-6 补画四棱台被截切后的主视图。

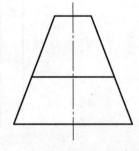
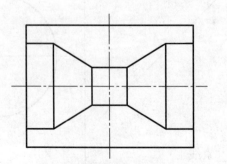

3-4-1 补全正三棱锥被截切后的投影。

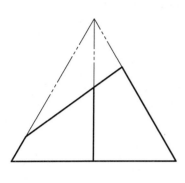 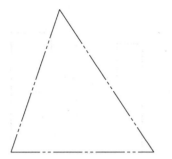

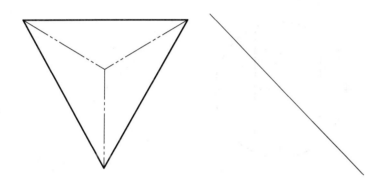

3-4-2 补全正三棱锥被截切后的投影。

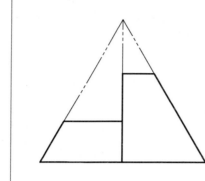 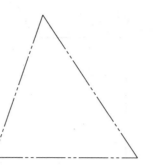

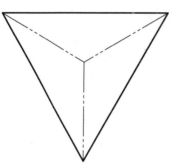 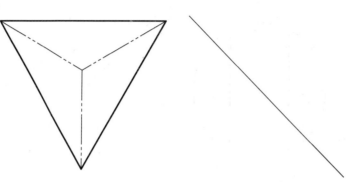

3-4-3 补全正三棱锥被截切后的投影。

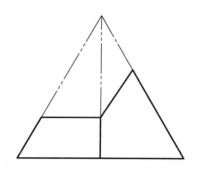 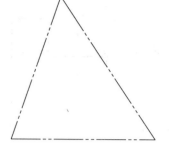

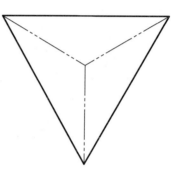 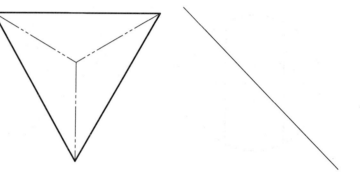

3-4-4 补全正四棱锥被切口后的投影。

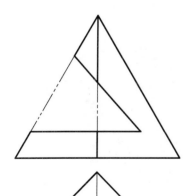 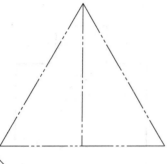

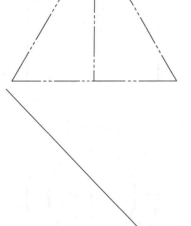

3-4-5 补画四棱台被切口后的俯视图。

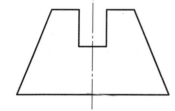 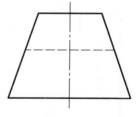

3-4-6 补画四棱台被切口后的俯视图。

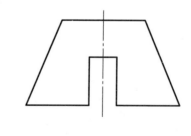 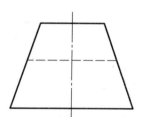

3-5-1　补画圆柱被截切后的左视图。

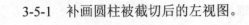
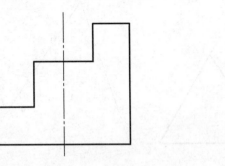
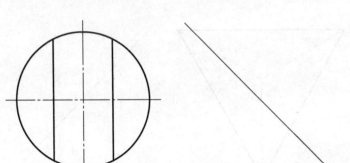

3-5-2　补画圆柱被截切后的左视图。

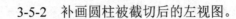
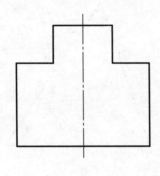
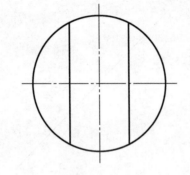

3-5-3　补画圆柱开槽后的左视图。

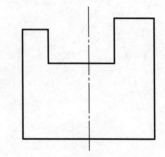
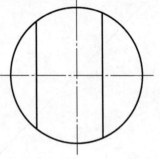
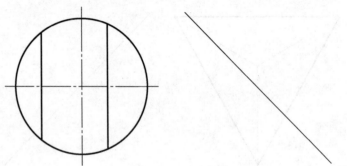

3-5-4　补画圆筒被截切后的左视图。

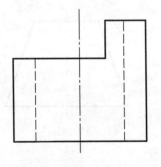
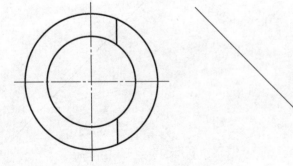

3-5-5　补画圆筒开槽后的左视图。

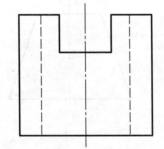
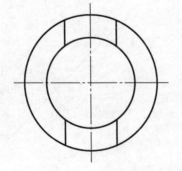

3-5-6　补画圆筒被截切后的左视图。

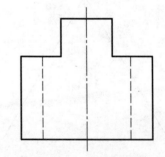
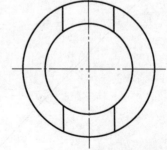
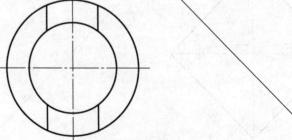

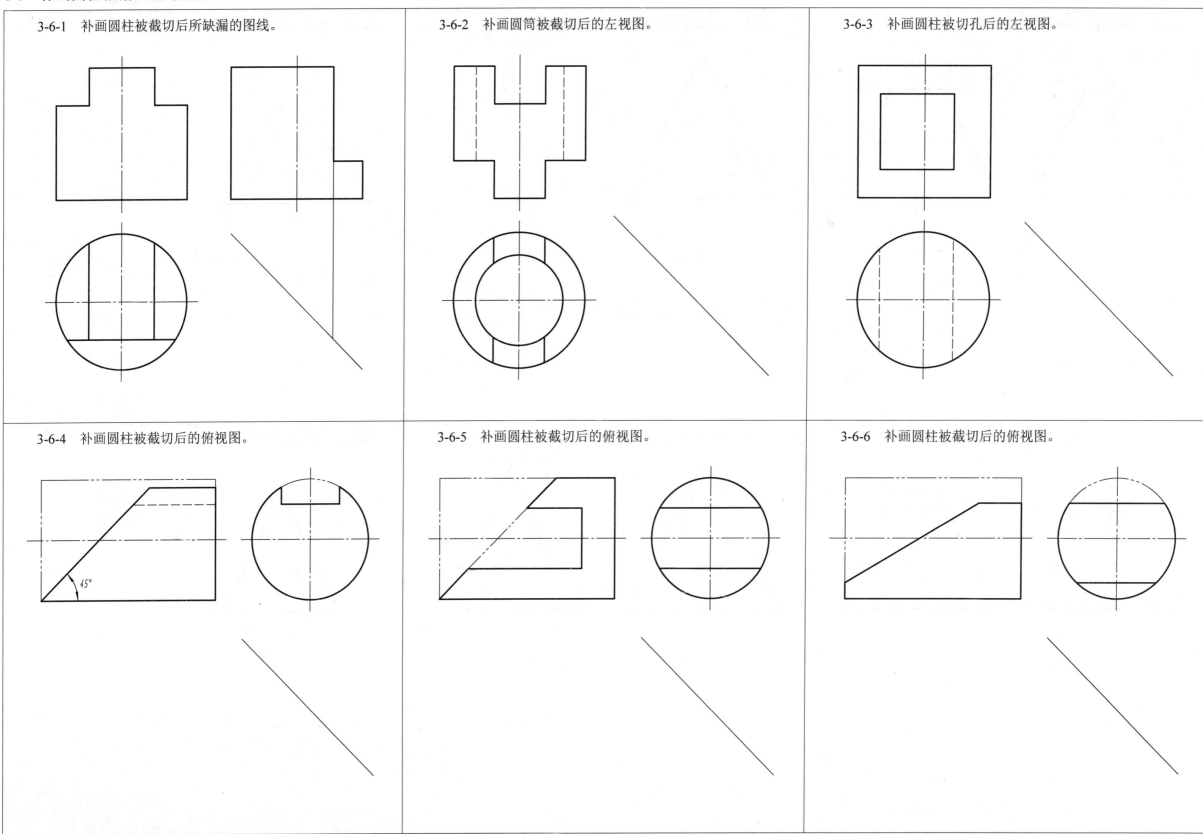

3-6-1 补画圆柱被截切后所缺漏的图线。

3-6-2 补画圆筒被截切后的左视图。

3-6-3 补画圆柱被切孔后的左视图。

3-6-4 补画圆柱被截切后的俯视图。

3-6-5 补画圆柱被截切后的俯视图。

3-6-6 补画圆柱被截切后的俯视图。

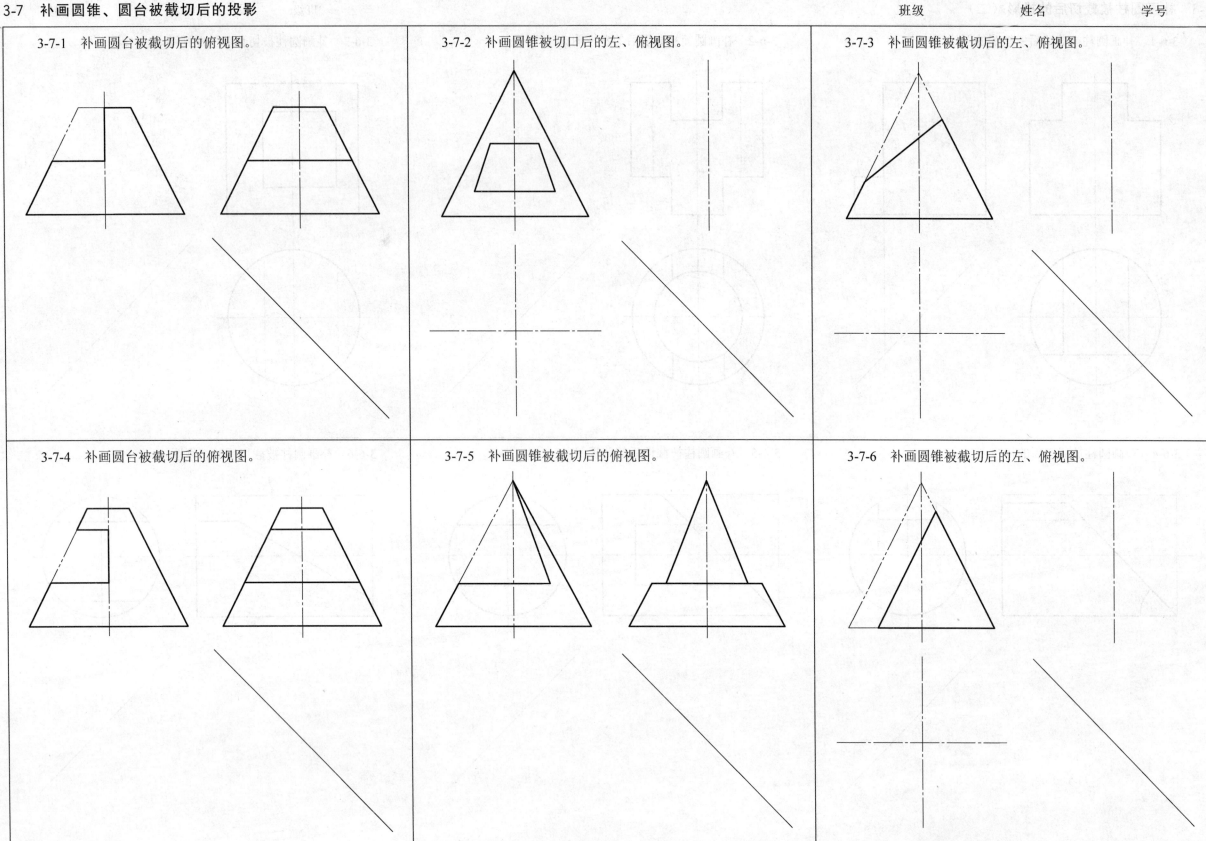

3-7-1 补画圆台被截切后的俯视图。

3-7-2 补画圆锥被切口后的左、俯视图。

3-7-3 补画圆锥被截切后的左、俯视图。

3-7-4 补画圆台被截切后的俯视图。

3-7-5 补画圆锥被截切后的俯视图。

3-7-6 补画圆锥被截切后的左、俯视图。

3-8-1 补画半圆球被截切后的左视图。

3-8-2 补画半圆球被截切后的俯视图。

3-8-3 补画半圆球被截切后的左、俯视图。

3-8-4 补画半圆球被截切后的主、左视图。

3-8-5 补画半圆球被截切后的左、俯视图。

3-8-6 补画圆球被截切后的左、俯视图。

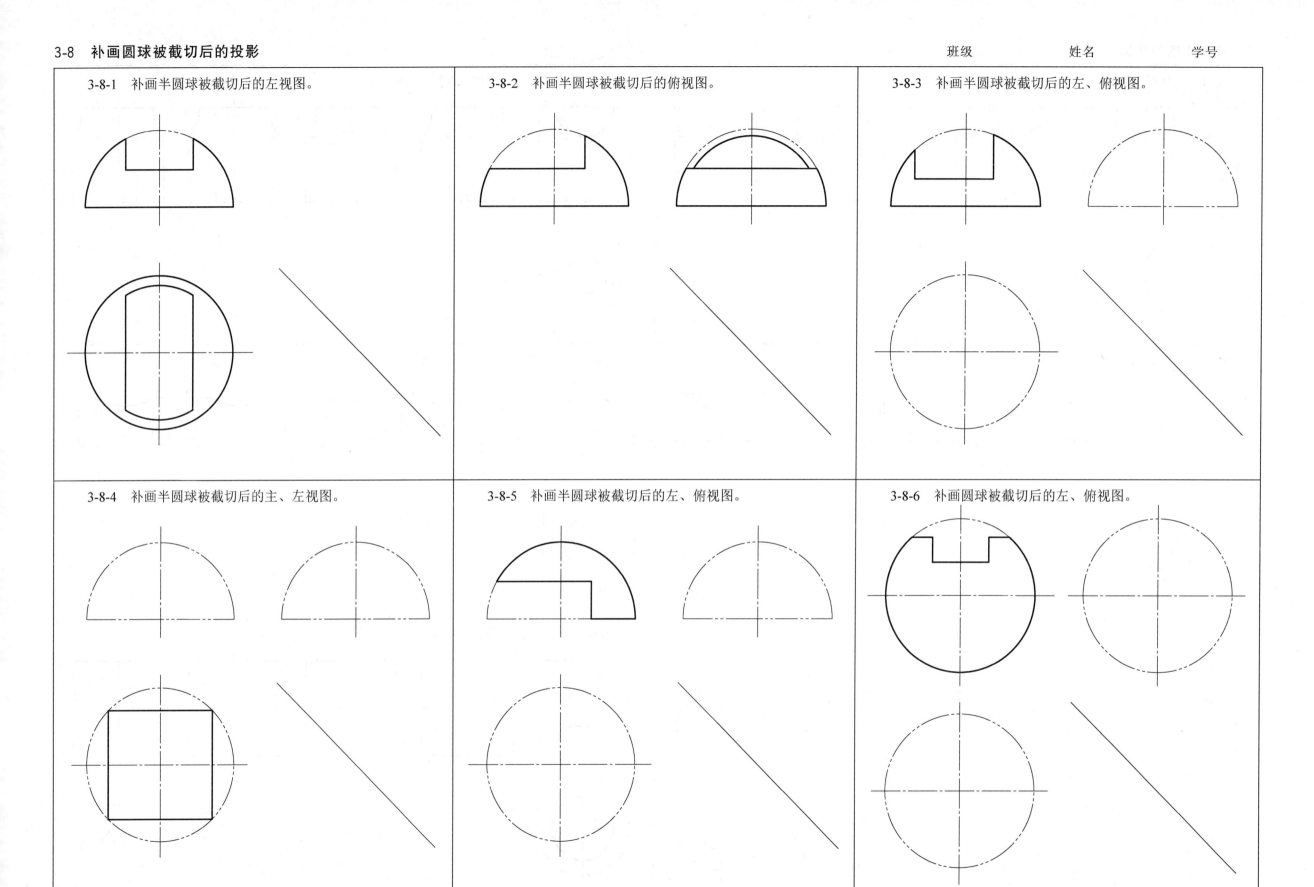

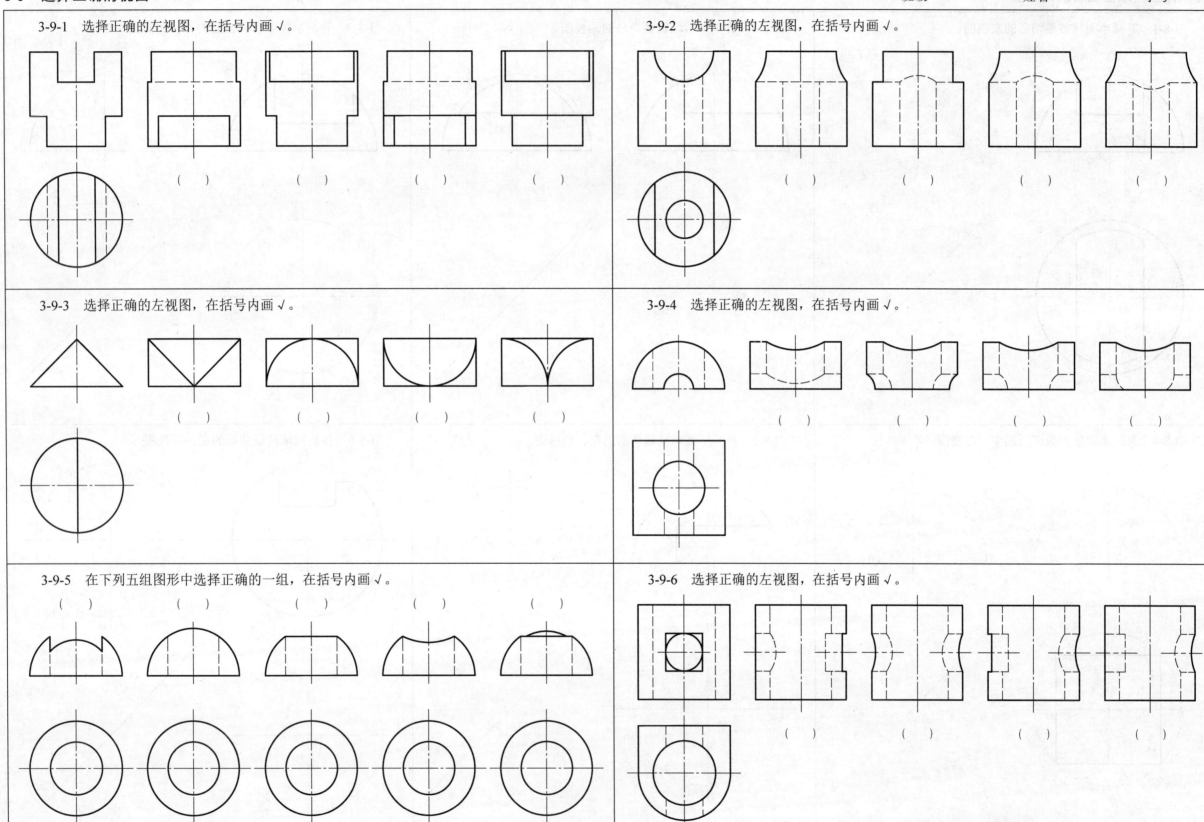

3-9-1 选择正确的左视图,在括号内画√。

3-9-2 选择正确的左视图,在括号内画√。

3-9-3 选择正确的左视图,在括号内画√。

3-9-4 选择正确的左视图,在括号内画√。

3-9-5 在下列五组图形中选择正确的一组,在括号内画√。

3-9-6 选择正确的左视图,在括号内画√。

3-10-1　用简化画法补画主视图中相贯线的投影。

3-10-2　补画主视图中相贯线的投影。

3-10-3　用简化画法补画左视图中相贯线的投影。

3-10-4　用简化画法补画主视图中相贯线的投影。

3-10-5　用简化画法补画主视图中相贯线的投影。

3-10-6　用简化画法补画左视图。

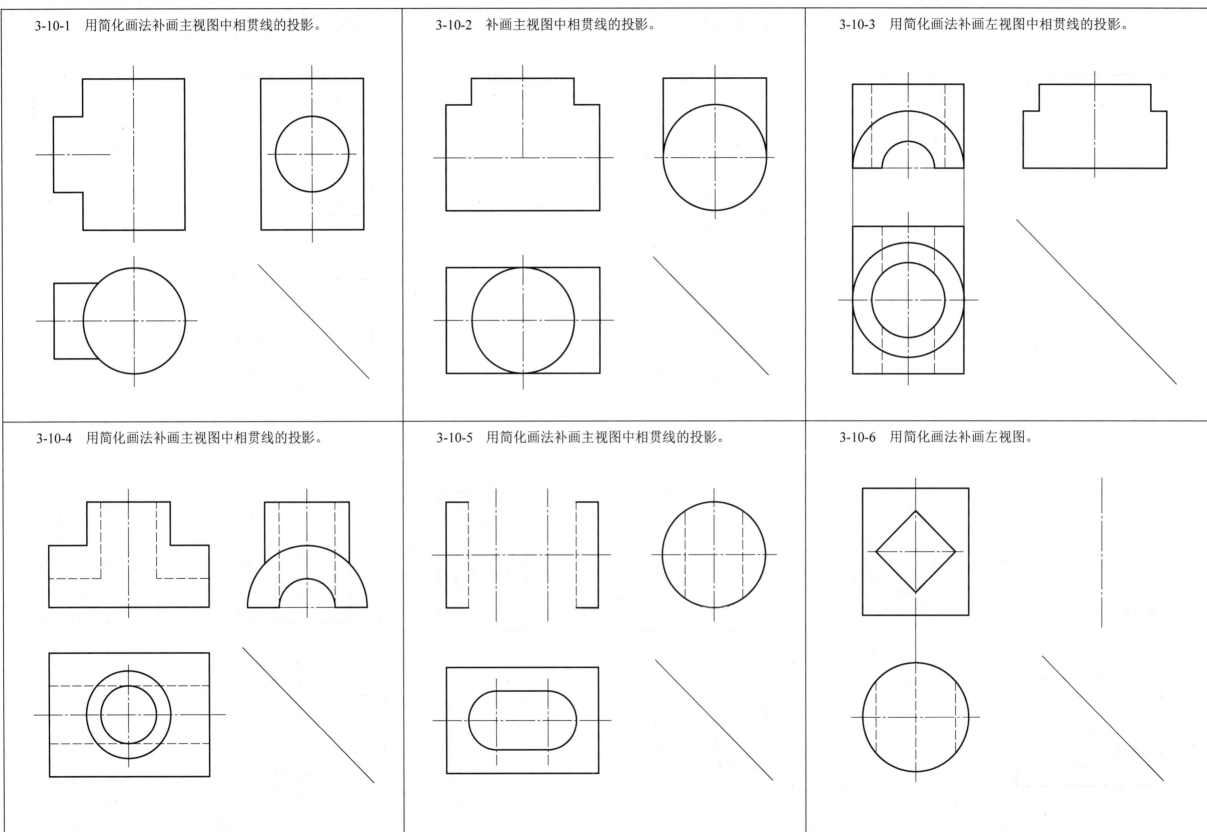

3-11-1 用简化画法补全左视图。

3-11-2 用简化画法补全左视图。

3-11-3 用简化画法补全主视图。

3-11-4 用简化画法补全主视图。

3-11-5 用简化画法补全主视图。

3-11-6 用简化画法补画主、左视图中相贯线的投影。

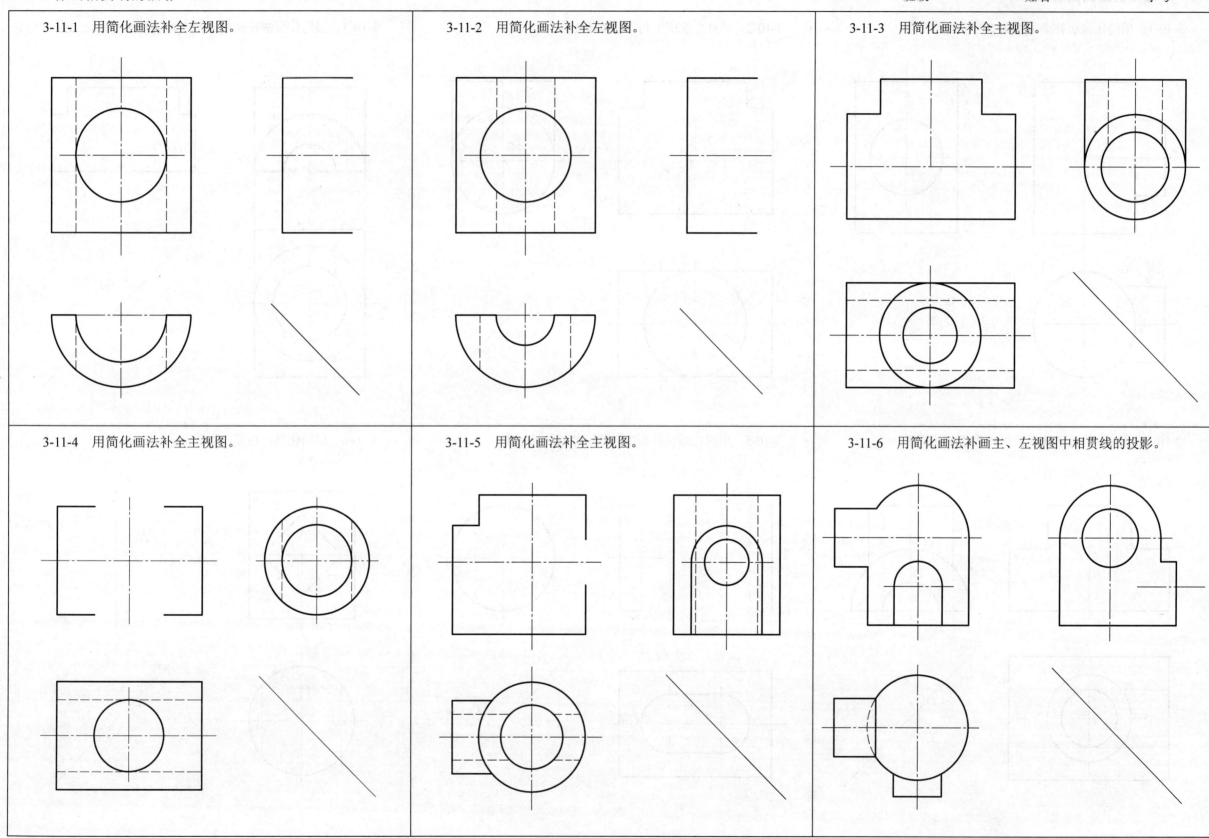

3-12-1 用简化画法补画主视图中相贯线的投影。

3-12-2 准确画出主视图中相贯线的投影。

3-12-3 补全左视图和俯视图。

3-12-4 用简化画法补画主视图中相贯线的投影。

3-12-5 准确画出主视图中相贯线的投影。

3-12-6 补画左、俯视图中缺漏的图线。

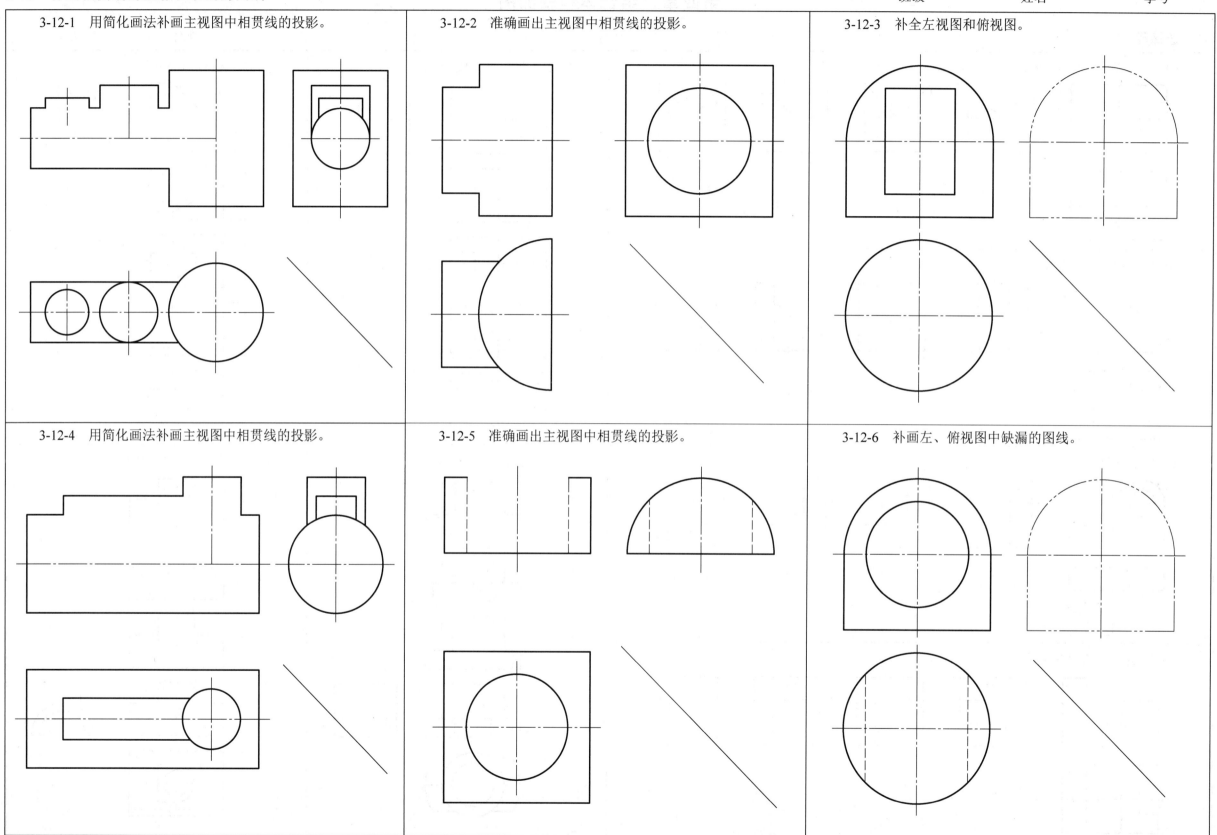

4-1　选择题　　　　　　　　　　　　　　　　　　　班级　　　　姓名　　　　学号

4-1-1　选择正确的左视图。

( )　　( )　　( )　　( )

4-1-2　选择正确的左视图。

( )　　( )　　( )　　( )

4-1-3　选择正确的左视图。

( )　　( )　　( )　　( )

4-1-4　选择正确的左视图。

( )　　( )　　( )　　( )

4-1-5　选择正确的俯视图。

( )

( )

( )

( )

4-1-6　选择正确的主视图。

( )

( )

( )

( )

4-1-7　选择正确的俯视图。

( )

( )

( )

( )

4-1-8　选择正确的主视图。

( )

( )

( )

( )

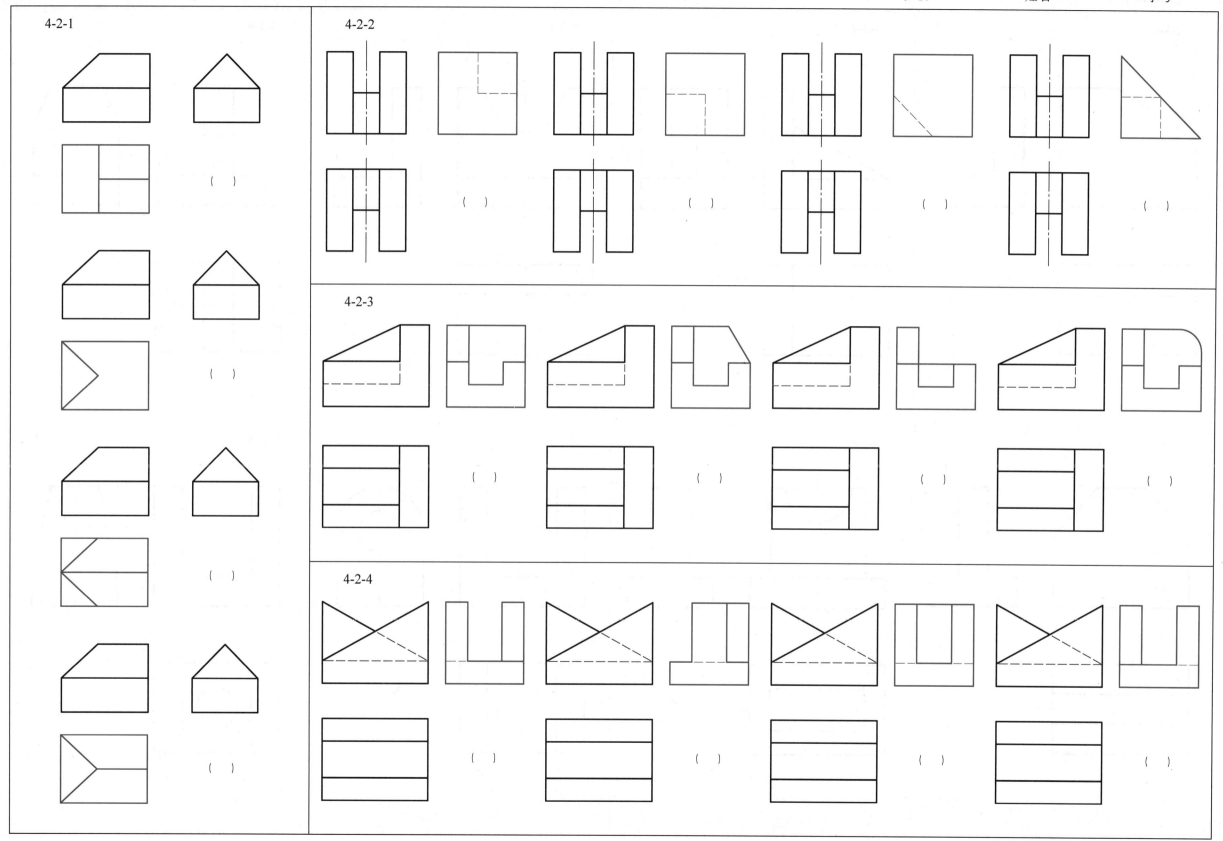

4-3-1

4-3-2

4-3-3

4-3-4

4-3-5

4-3-6

4-3-7

4-3-8

4-4-1

4-4-2

4-4-3

4-4-4

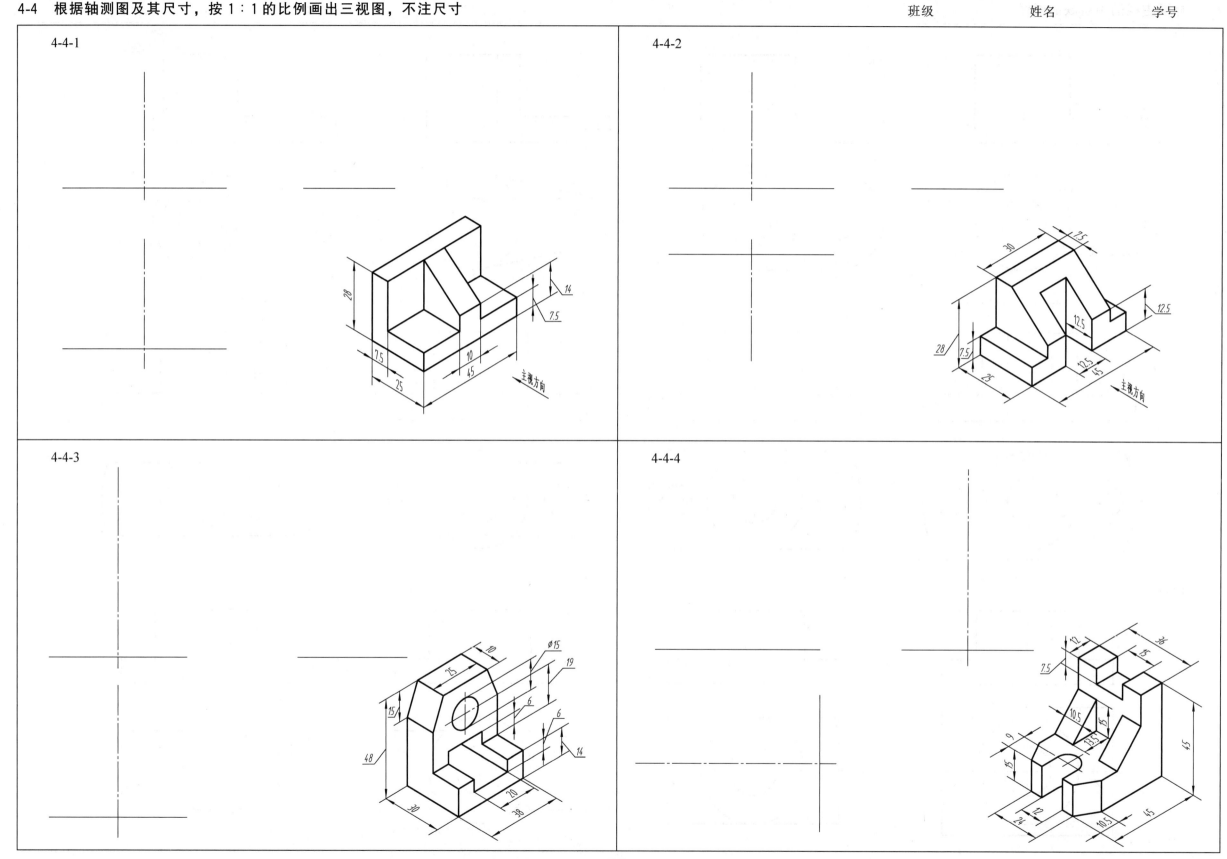

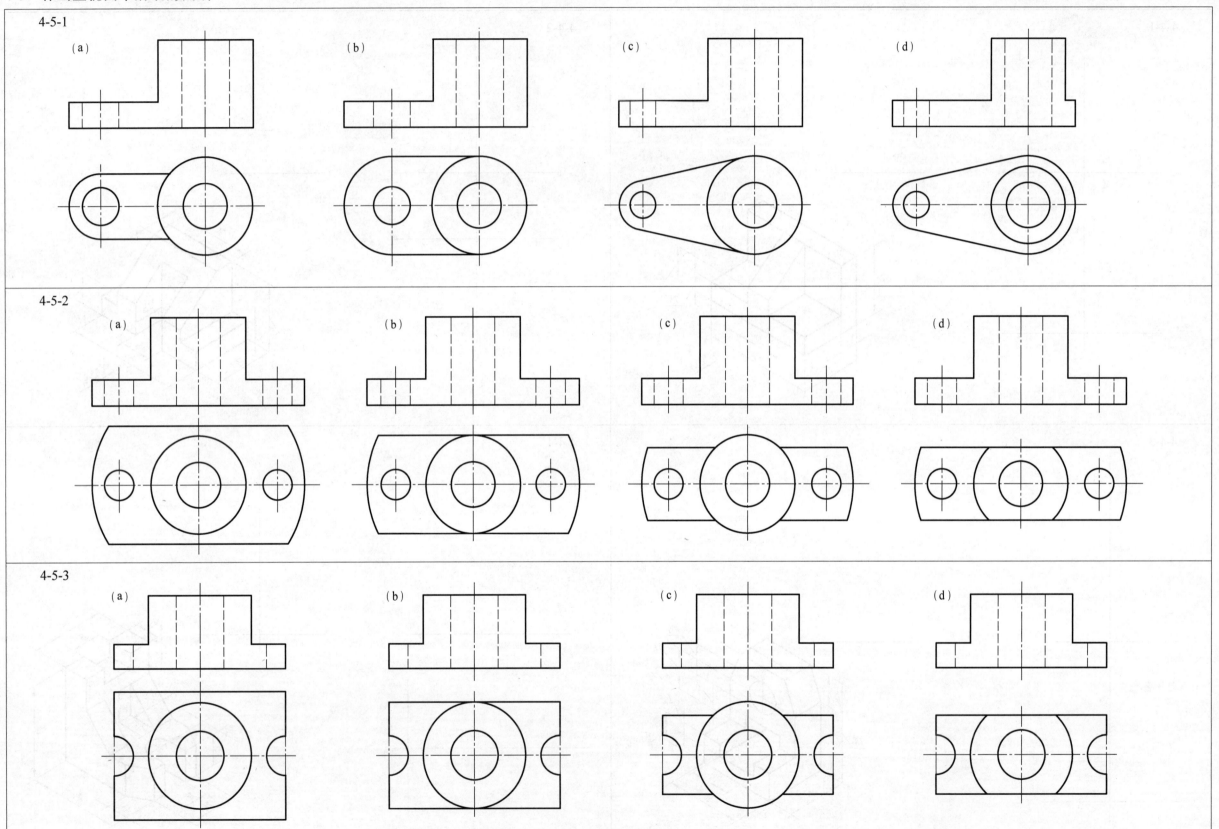

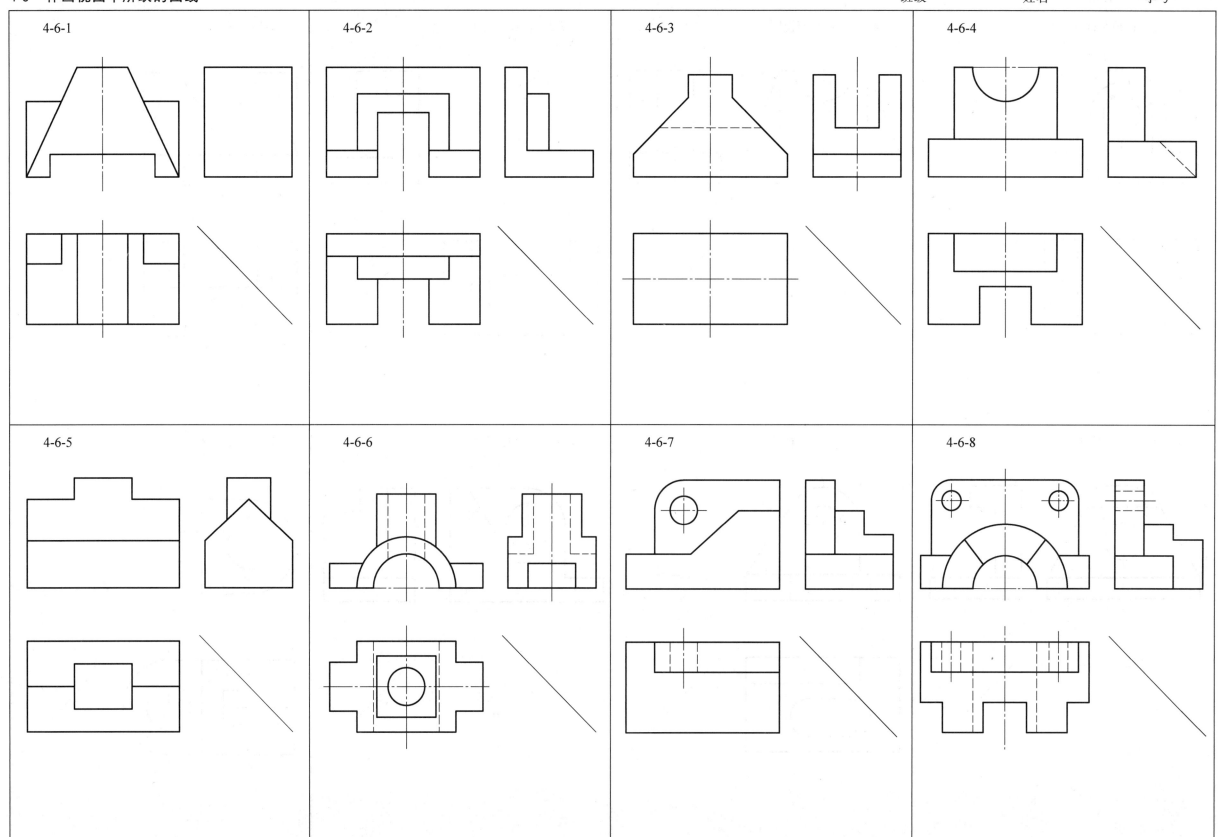

4-6-1

4-6-2

4-6-3

4-6-4

4-6-5

4-6-6

4-6-7

4-6-8

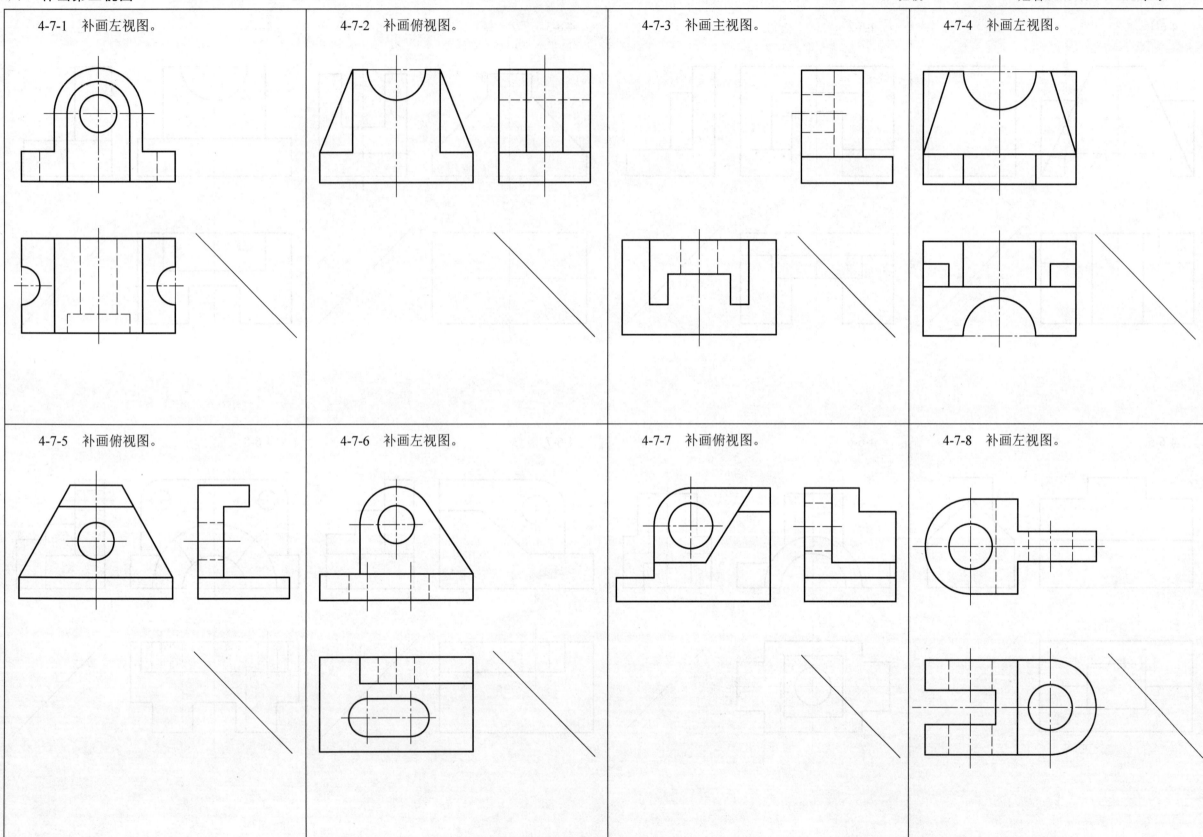

4-7-1 补画左视图。

4-7-2 补画俯视图。

4-7-3 补画主视图。

4-7-4 补画左视图。

4-7-5 补画俯视图。

4-7-6 补画左视图。

4-7-7 补画俯视图。

4-7-8 补画左视图。

班级　　　　　姓名　　　　　学号

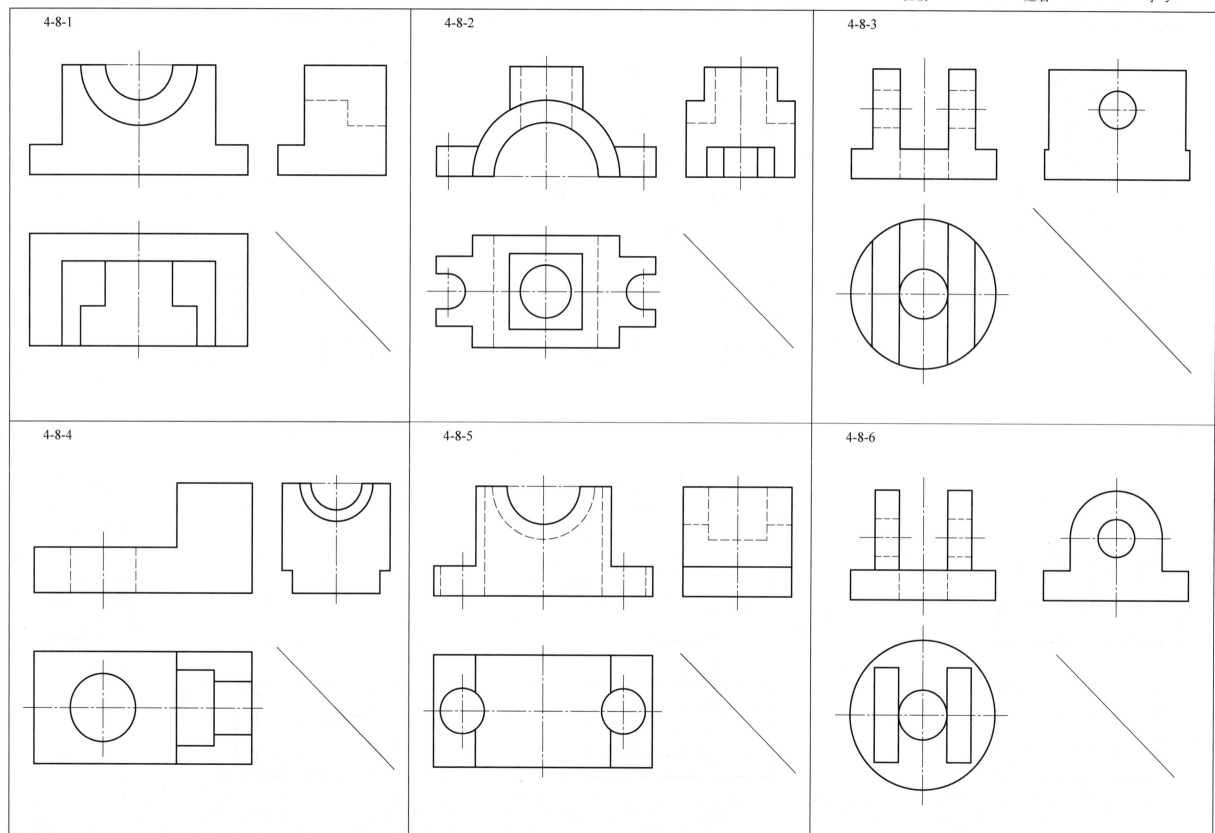

4-8-1

4-8-2

4-8-3

4-8-4

4-8-5

4-8-6

4-9-1　补画左视图。

4-9-2　补画左视图。

4-9-3　补画主视图。

4-9-4　补画左视图。

4-9-5　补画左视图。

4-9-6　补画主视图。

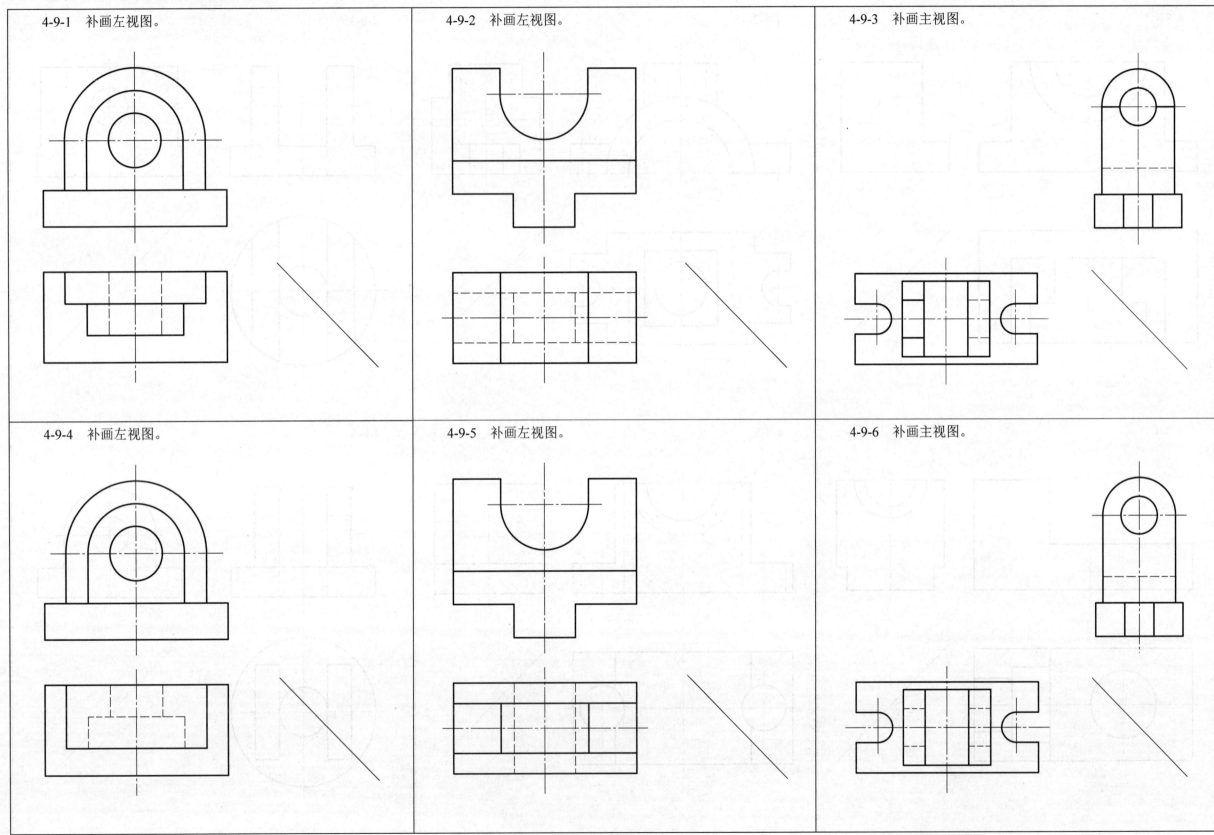

作业指导书（三）

一、目的

（1）掌握根据轴测图（或组合体模型）画三视图的方法，提高绘图技能。

（2）熟悉组合体视图的尺寸注法。

二、内容与要求

（1）根据轴测图（或组合体模型）画三视图，并标注尺寸。

（2）用 A3 或 A4 图纸，自己选定绘图比例。

三、作图步骤

（1）运用形体分析法搞清组合体的组成部分，以及各组成部分之间的相对位置和组合关系。

（2）选定主视图的投射方向。所选的主视图应能明显地表达组合体的形状特征。

（3）画底稿（底稿线要细而轻淡）。

（4）检查底稿，修正错误，擦掉多余图线。

（5）依次描深图线，标注尺寸，填写标题栏。

四、注意事项

（1）图形布置要匀称，留出标注尺寸的位置。先依据图纸幅面、绘图比例和组合体的总体尺寸大致布图，再画出作图基准线（如组合体的底面或顶面、端面的投影，对称中心线等），确定三个视图的具体位置。

（2）正确运用形体分析法，按组合体的组成部分，一部分一部分地画。每一部分都应按其长、宽、高在三个视图上同步画底稿，以提高绘图速度。不要先画出一个完整的视图，再画另一个视图。

（3）标注尺寸时，不能照搬轴测图上的尺寸注法，应按标注三类尺寸的要求进行。

4-10-1 轴测图图例。

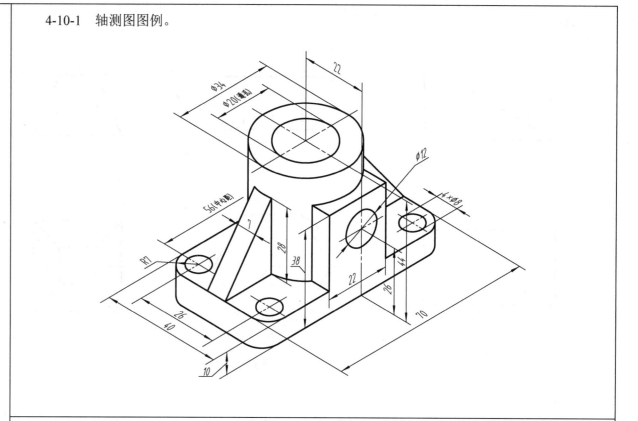

4-10-2 轴测图图例。

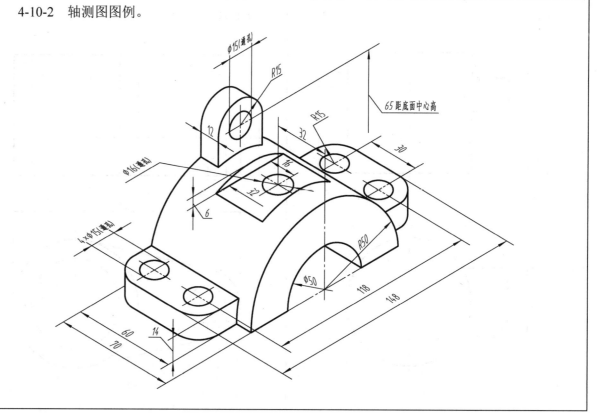

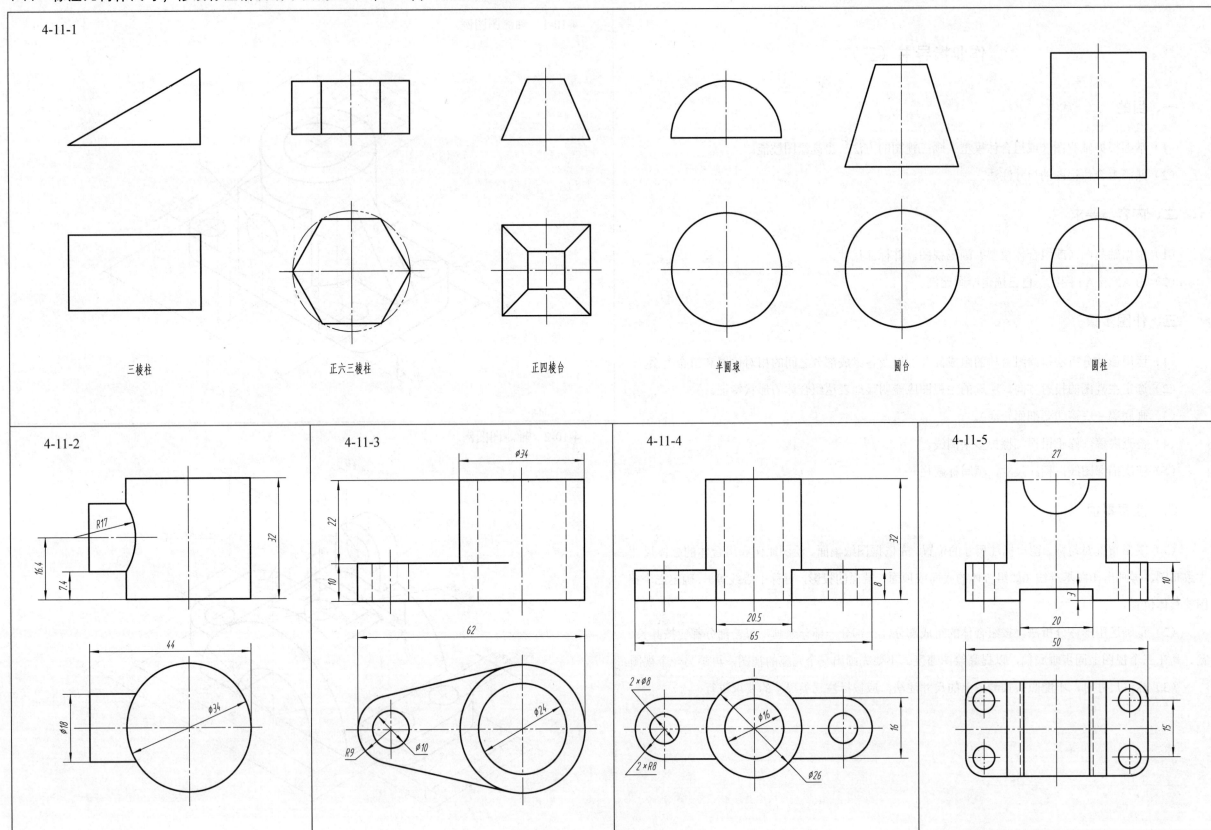

4-11-1

三棱柱　　　　　正六三棱柱　　　　　正四棱台　　　　　半圆球　　　　　圆台　　　　　圆柱

4-11-2

4-11-3

4-11-4

4-11-5

4-12-1　标注组合体各组成部分的尺寸，按 1：1 的比例从图中量取整数。

4-12-2　标注组合体尺寸，按 1：1 的比例从图中量取整数。

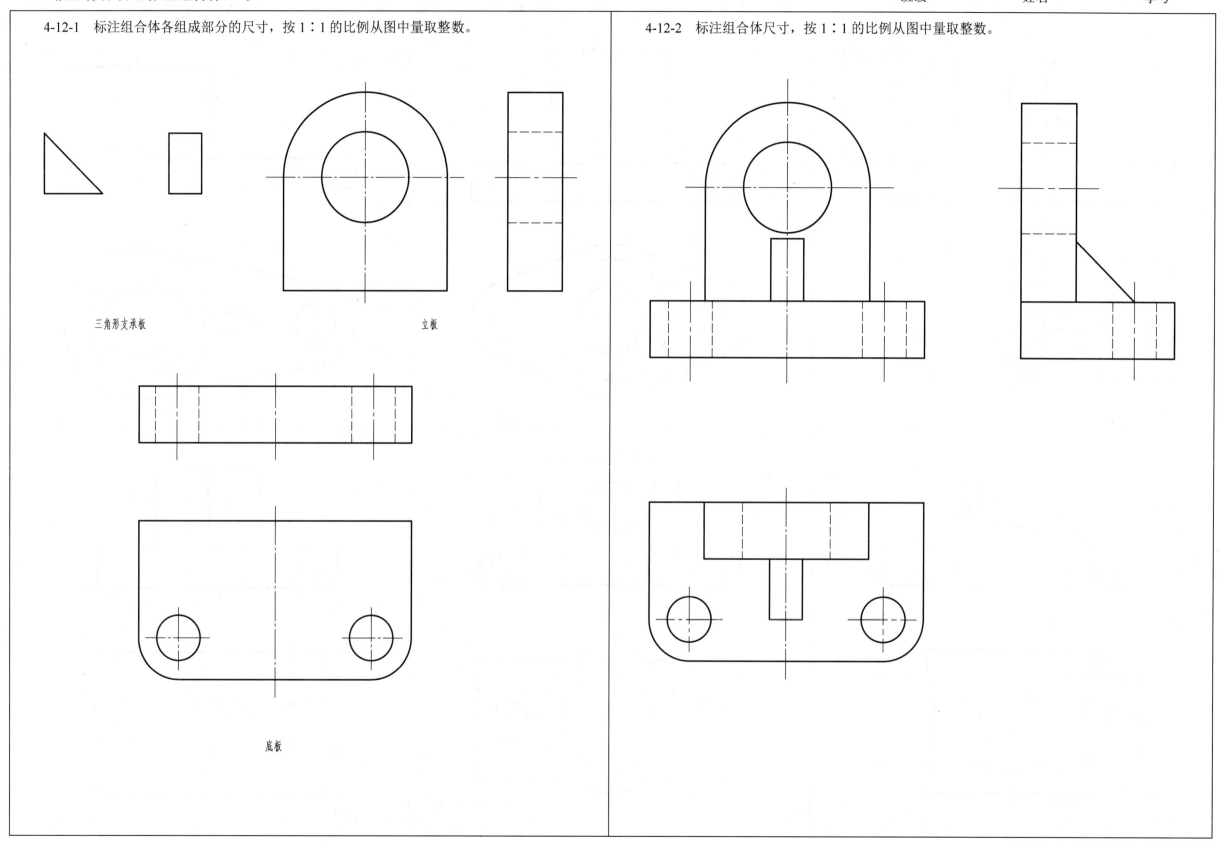

三角形支承板　　　　　　　　立板

底板

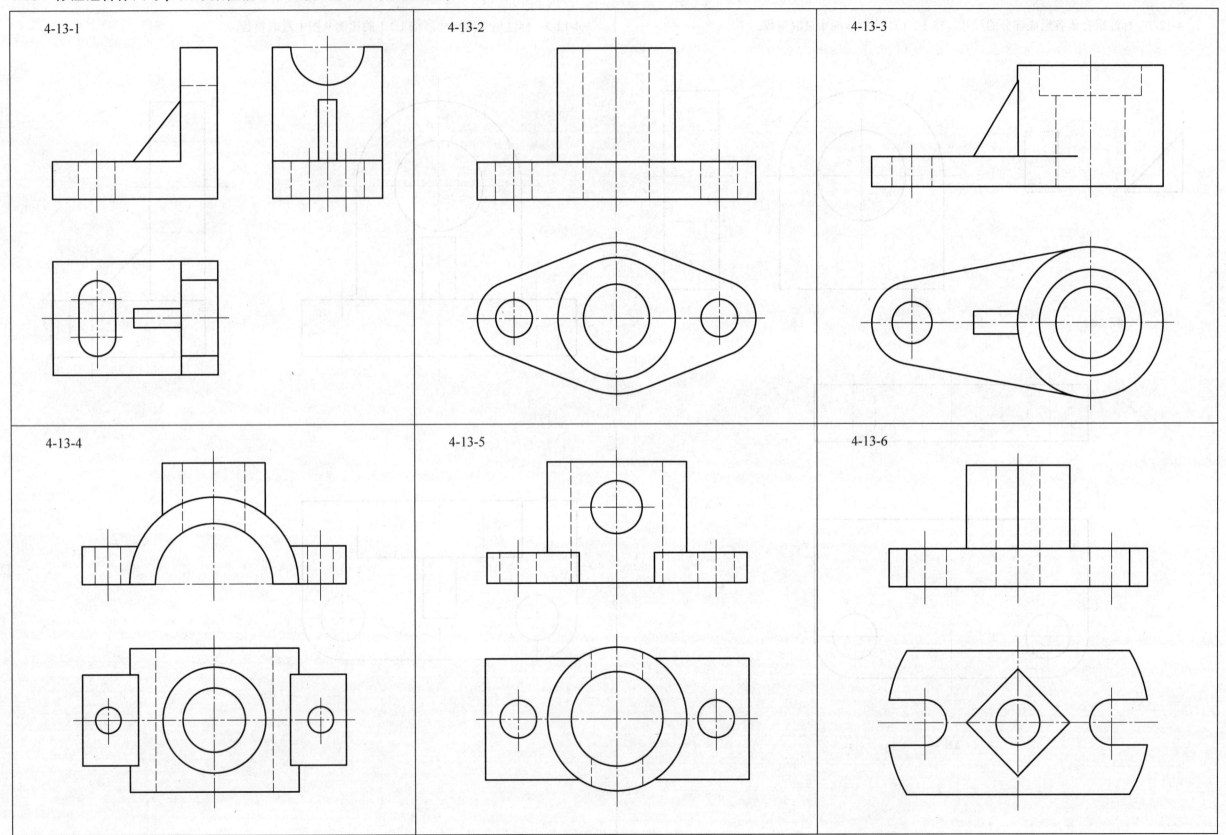

4-13-1

4-13-2

4-13-3

4-13-4

4-13-5

4-13-6

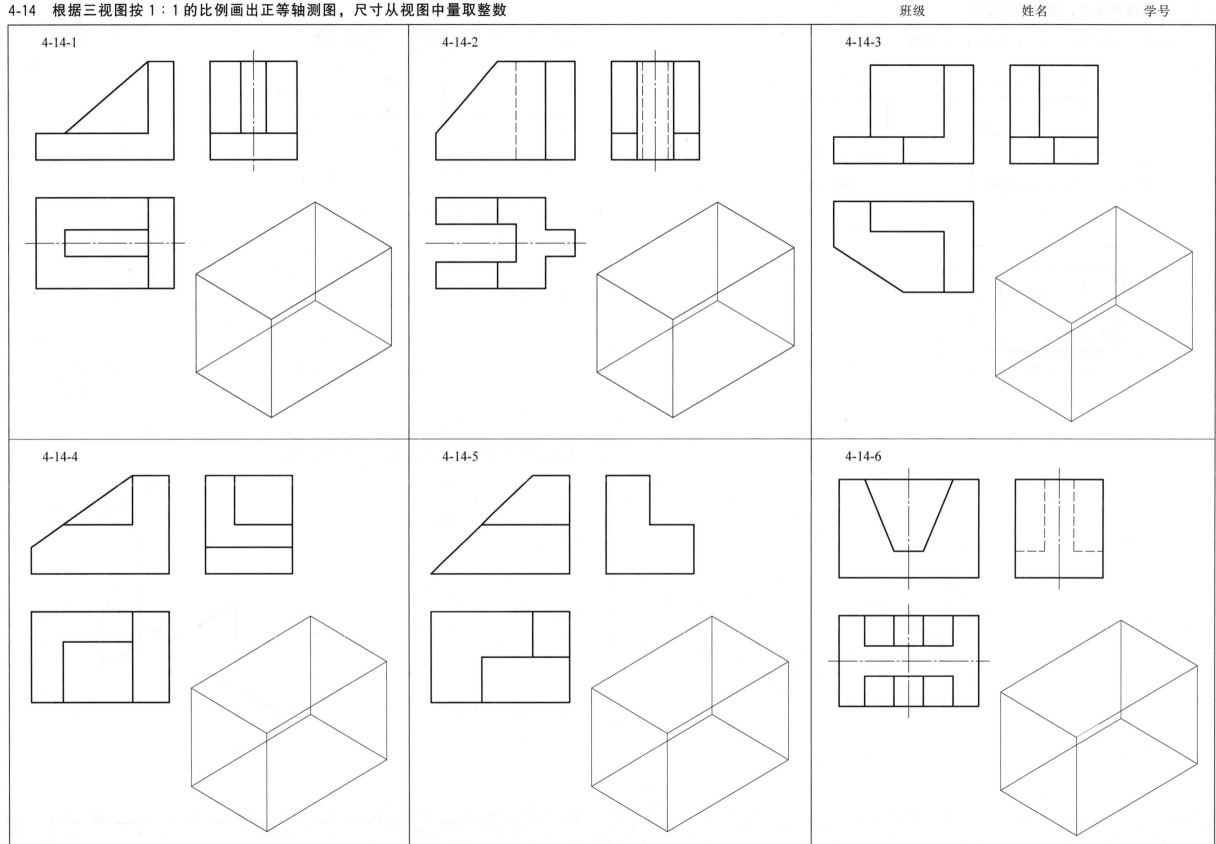

4-14-1

4-14-2

4-14-3

4-14-4

4-14-5

4-14-6

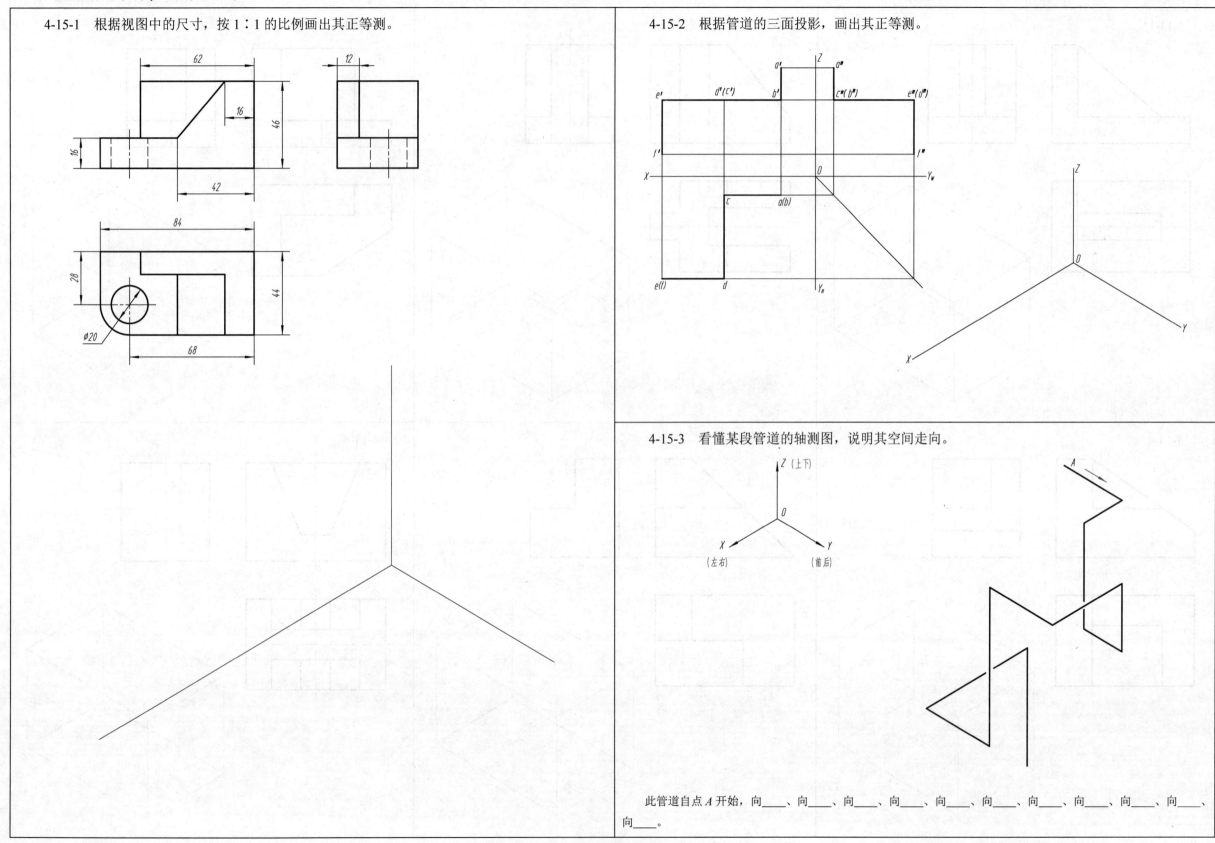

4-15-1　根据视图中的尺寸，按 1：1 的比例画出其正等测。

4-15-2　根据管道的三面投影，画出其正等测。

4-15-3　看懂某段管道的轴测图，说明其空间走向。

此管道自点 A 开始，向___、向___、向___、向___、向___、向___、向___、向___、向___、向___、向___。

第五章 图样的基本表示法

5-1 基本视图和向视图表达方法练习

班级　　　　　姓名　　　　　学号

5-1-1 根据主、俯、左视图，参照轴测图，补画右、后、仰视图。

5-1-2 根据主、左、俯视图，补画右、仰、后视图，并按规定标注。

(后视图)

(右视图)　　　(仰视图)

5-1-3 根据主、左、俯视图，补画右、仰、后视图，并按规定标注。

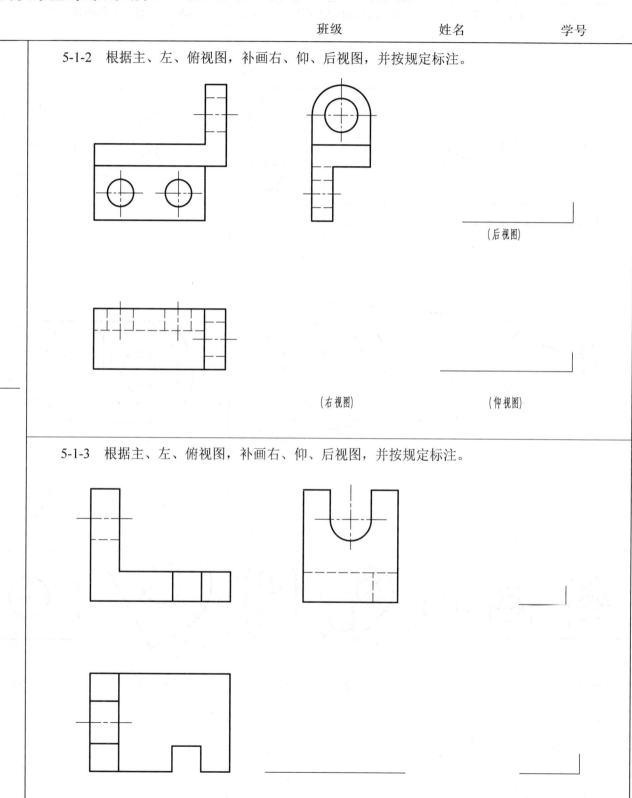

5-2-1 判断 A 向和 B 向视图是否正确,指出错误图例的错误原因。

5-2-2 判断 A 向视图是否正确,指出错误图例的错误原因。

5-2-3 判断 A 向视图是否正确,指出错误图例的错误原因。

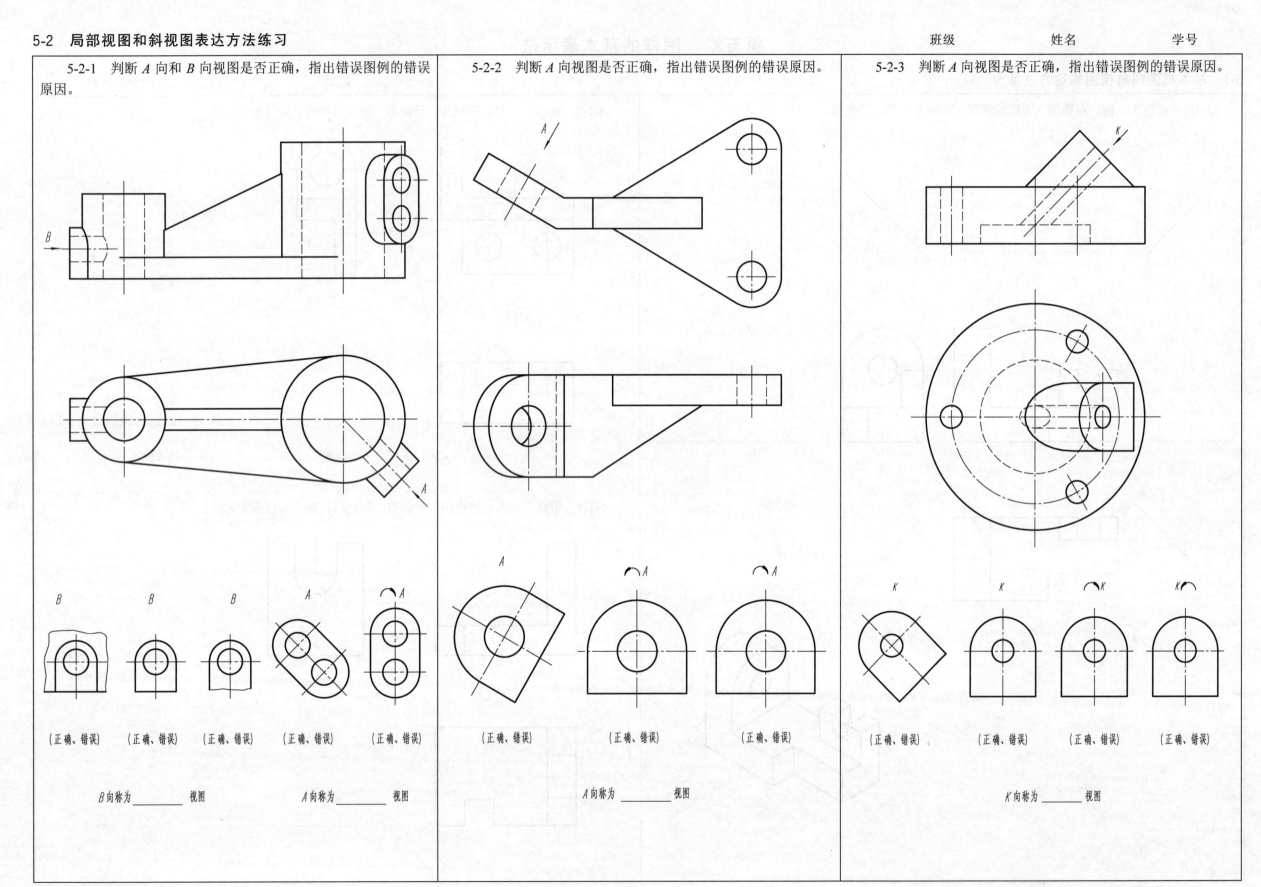

(正确、错误) (正确、错误) (正确、错误) (正确、错误) (正确、错误)

(正确、错误) (正确、错误) (正确、错误)

(正确、错误) (正确、错误) (正确、错误) (正确、错误)

B 向称为 _____ 视图   A 向称为 _____ 视图

A 向称为 _____ 视图

K 向称为 _____ 视图

5-3-1　参照轴测图，补画剖视图中的漏线。

5-3-2　参照轴测图，补画剖视图中的漏线。

5-3-3　四个不同的主视图，哪一个是正确的？用铅笔圈出另外三个视图的错误部位。

（正确、错误）　　　　（正确、错误）　　　　（正确、错误）　　　　（正确、错误）

5-3-4　下面四组视图哪一组是正确的？用铅笔圈出另外三组视图的错误部位。

（正确、错误）　　　　（正确、错误）　　　　（正确、错误）　　　　（正确、错误）

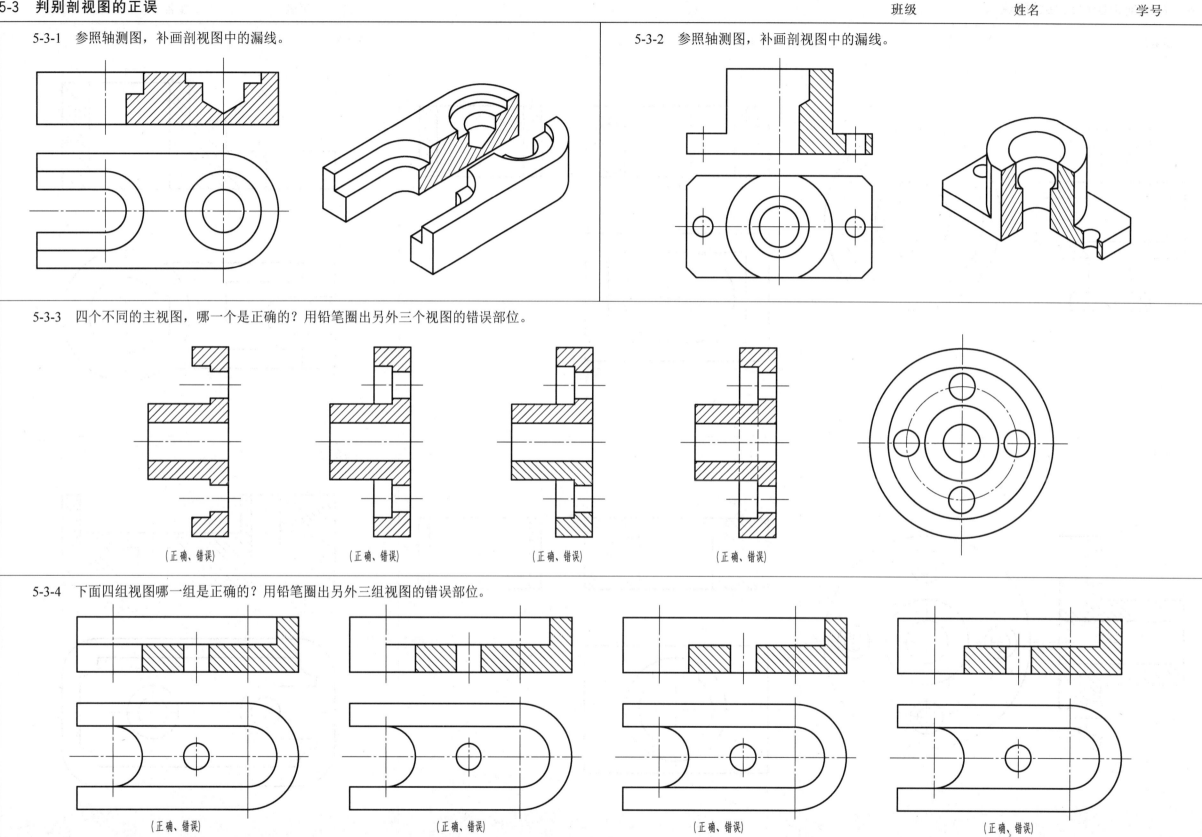

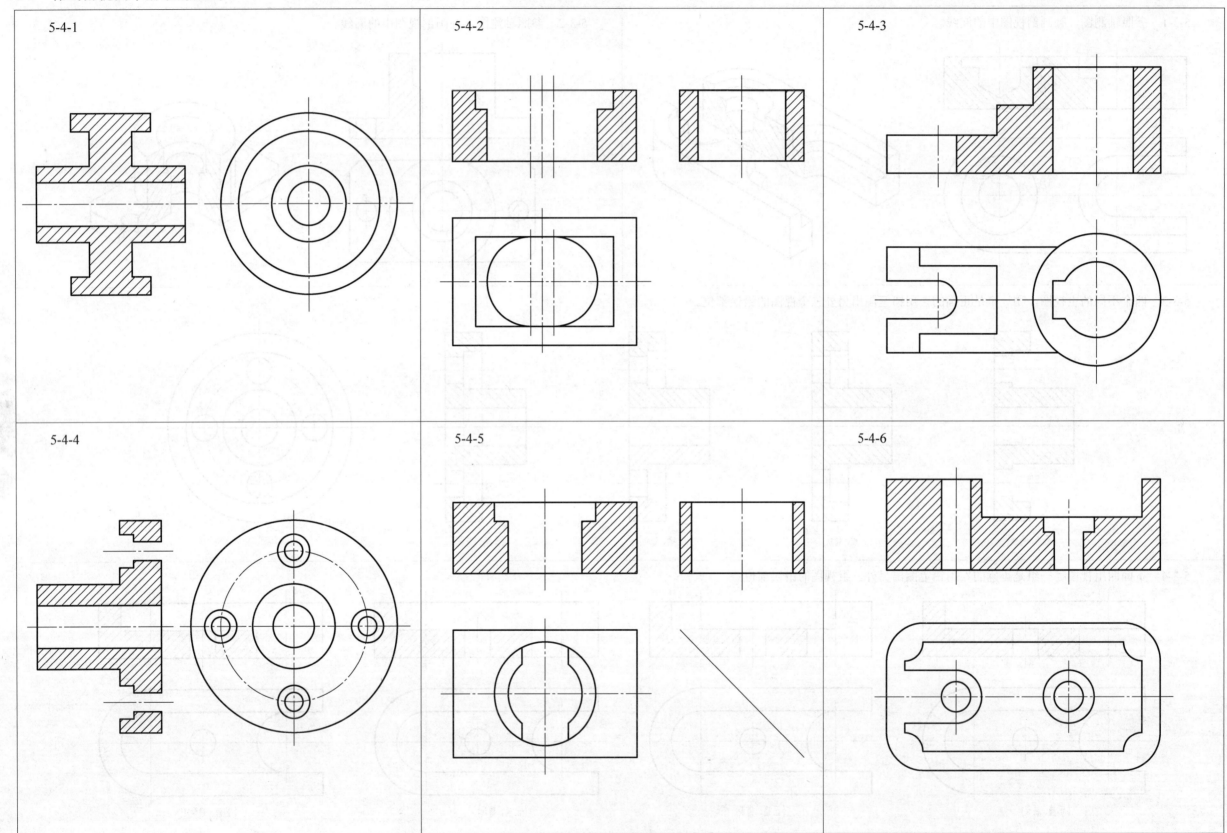

5-4-1

5-4-2

5-4-3

5-4-4

5-4-5

5-4-6

5-5-1　　　　　　　　　　　　　　　　　　　　　　　5-5-2

5-5-3　　　　　　　　　　　　　　　　　　　　　　　5-5-4

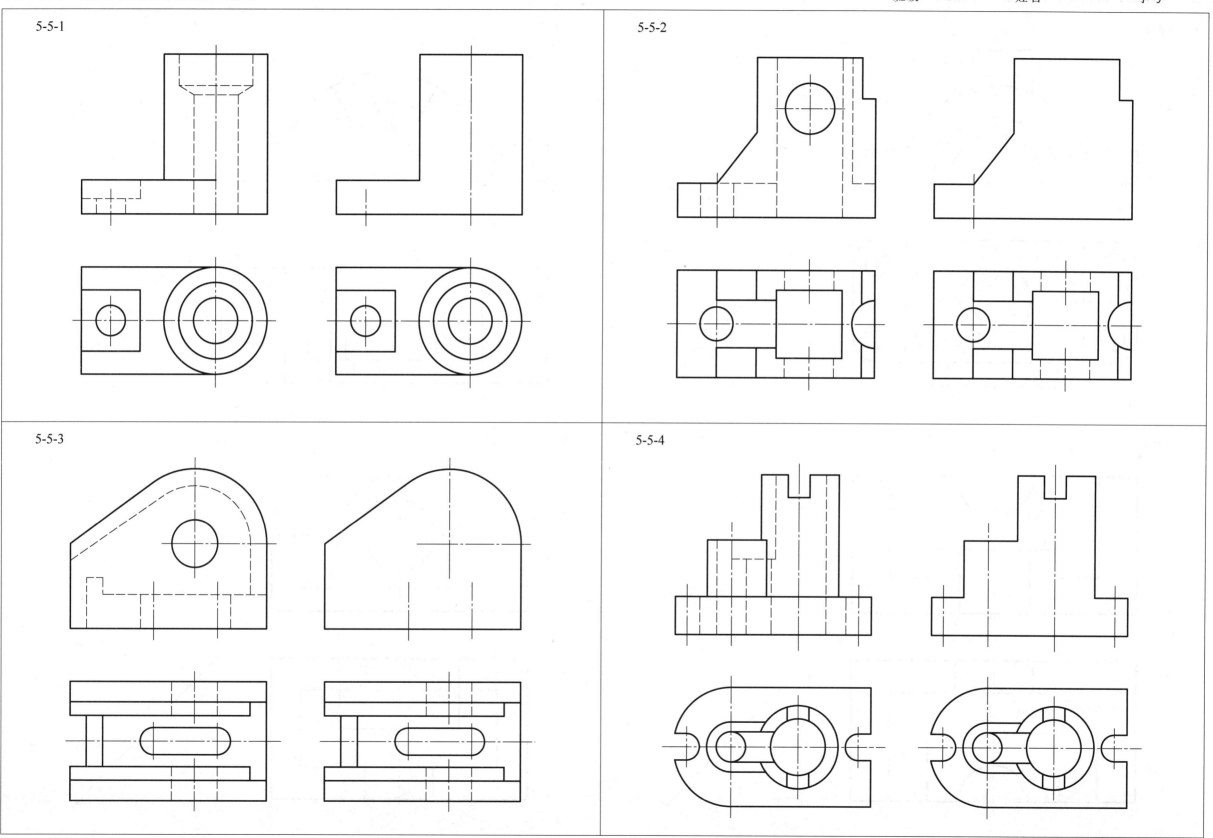

5-6-1

5-6-2

5-6-3

5-6-4

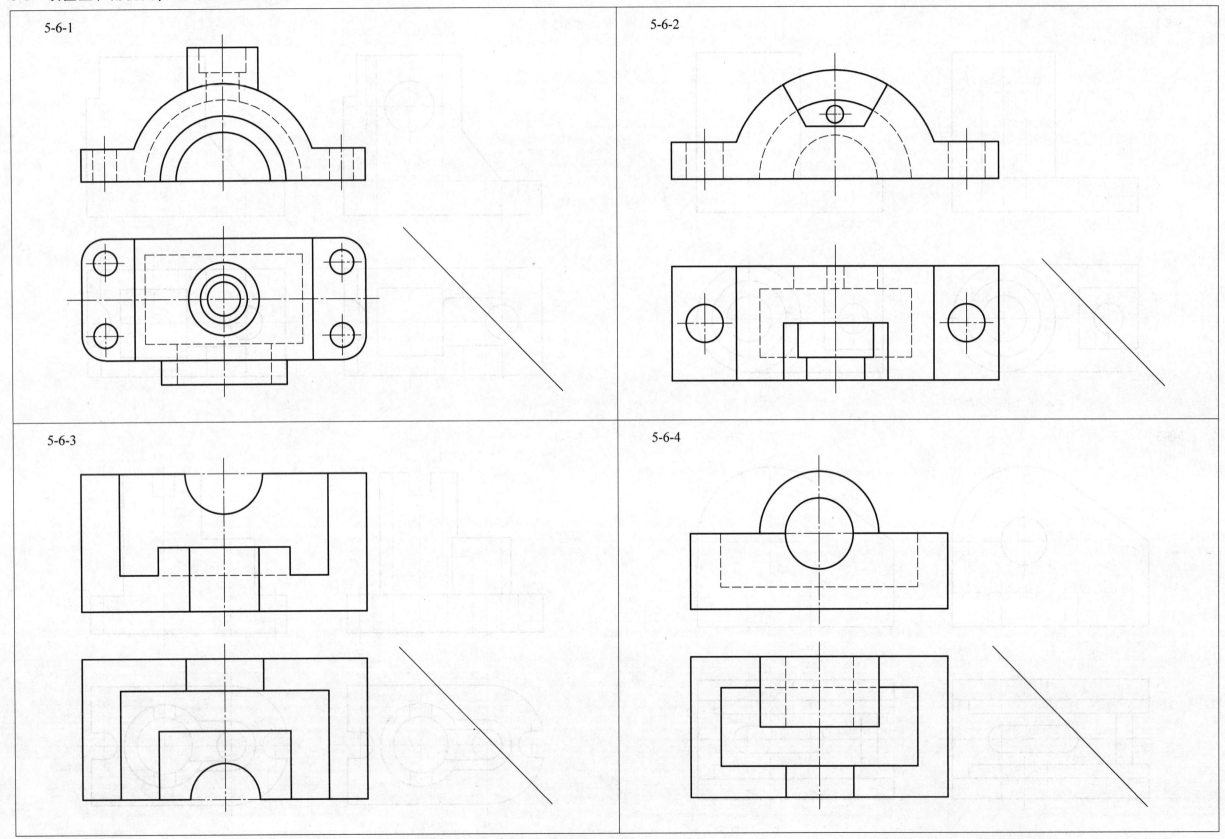

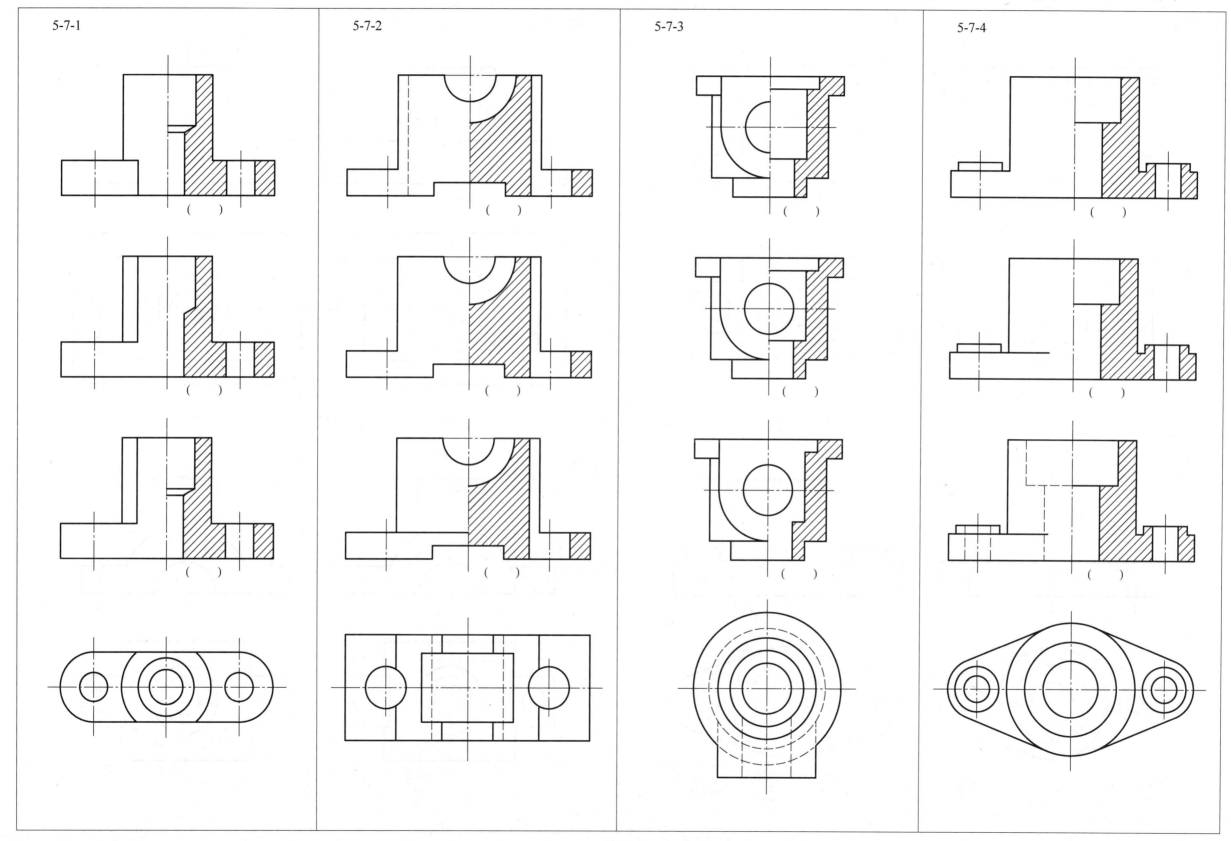

5-7-1　　　　5-7-2　　　　5-7-3　　　　5-7-4

5-8-1　　　　　　　　　　　　　　　　　　　　　5-8-2

5-8-3　　　　　　　　　　　　　　　　　　　　　5-8-4

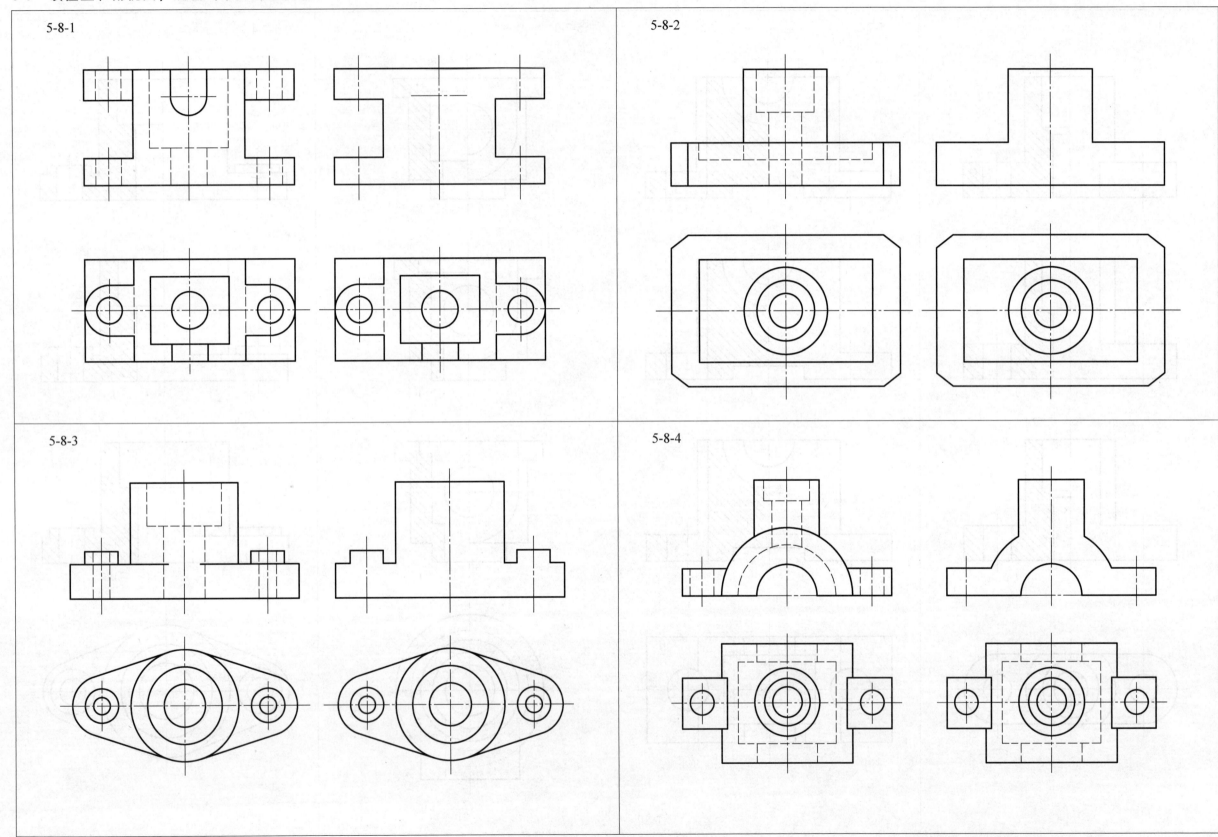

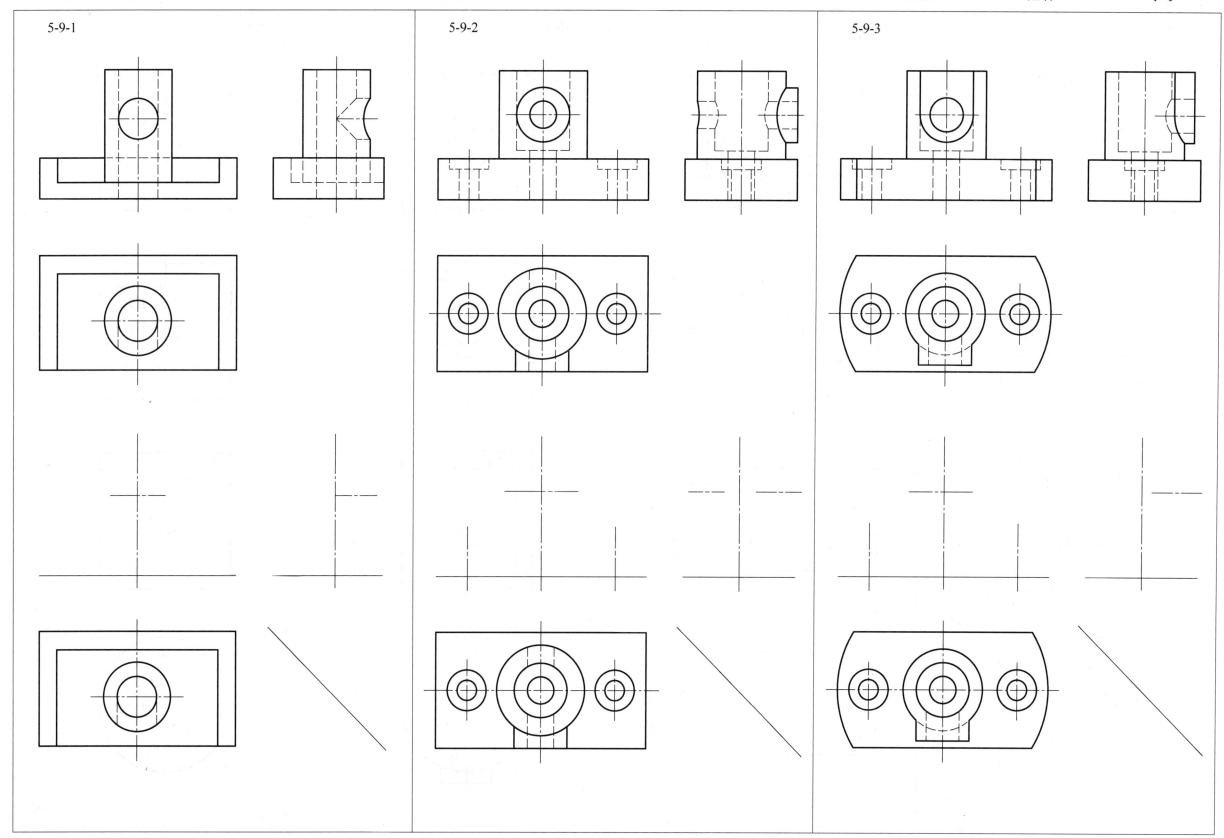

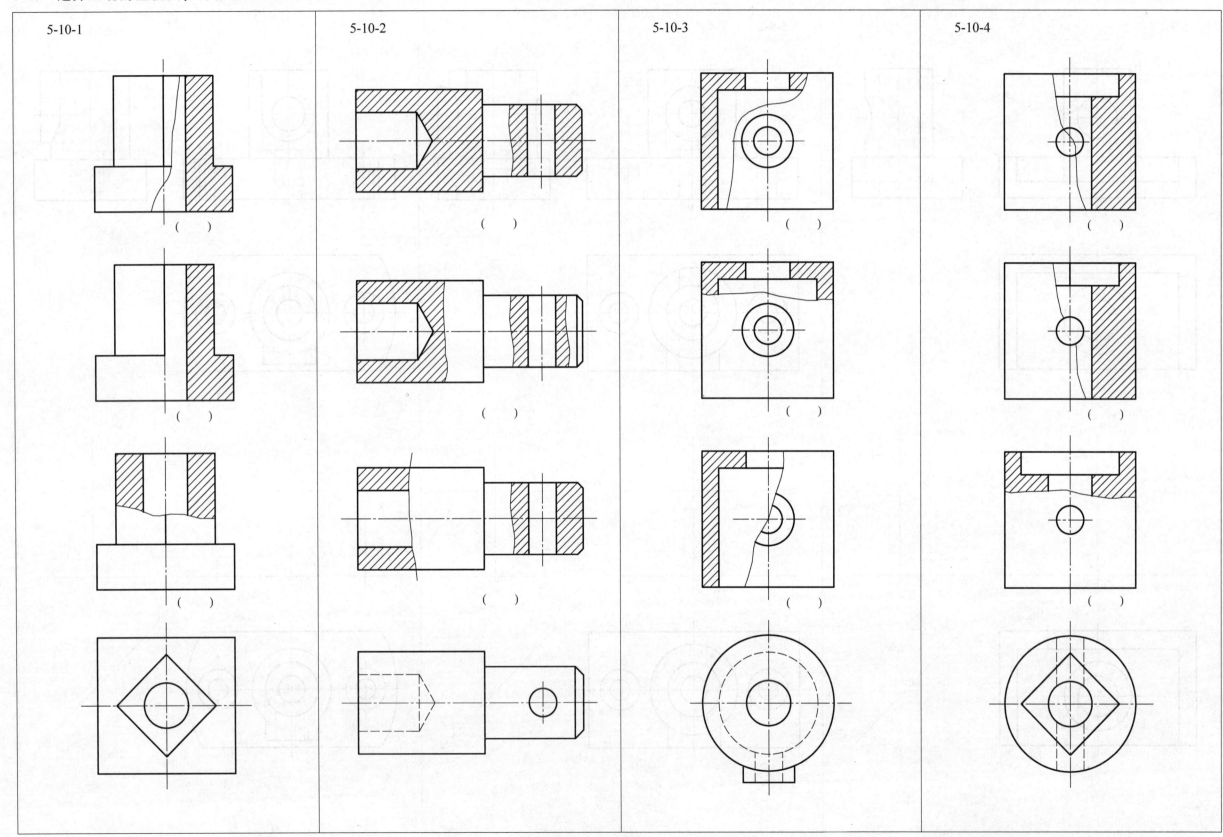

5-10-1

( )

( )

( )

5-10-2

( )

( )

( )

5-10-3

( )

( )

( )

5-10-4

( )

( )

( )

5-11-1　选择合适的位置，在右侧将主视图改画成局部剖视图。

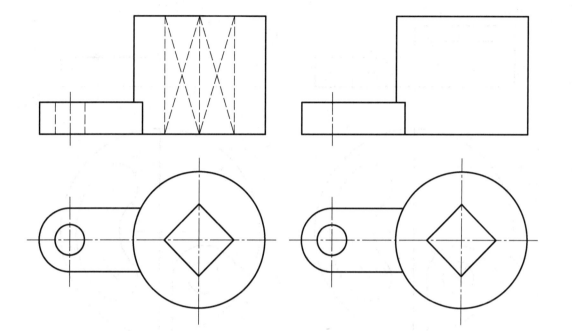

5-11-2　选择合适的位置，在右侧将主、俯视图改画成局部剖视图。

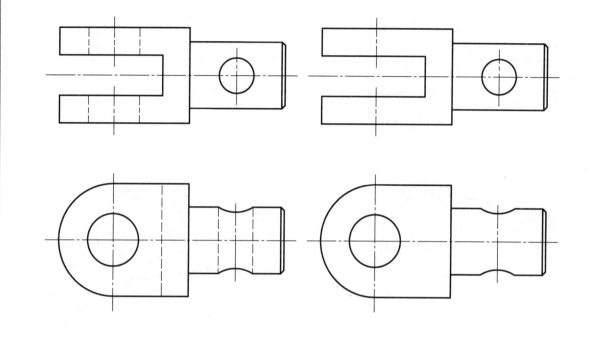

5-11-3　选择合适的位置，在右侧将主、俯视图改画成局部剖视图。

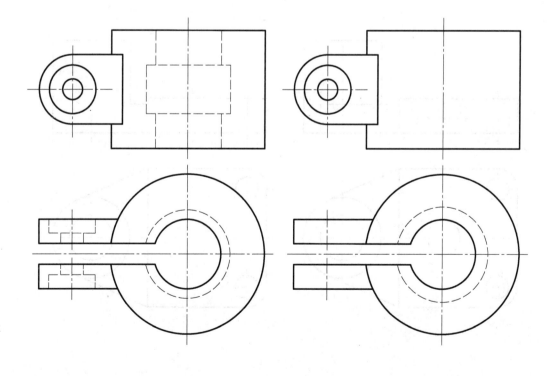

5-11-4　选择合适的位置，在右侧将主、俯视图改画成局部剖视图。

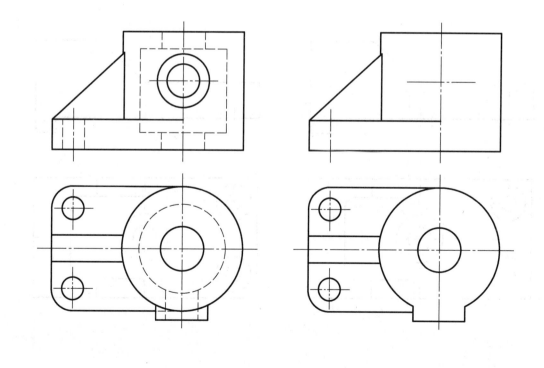

5-12-1 用相交的剖切平面,将主视图改画成全剖视图。

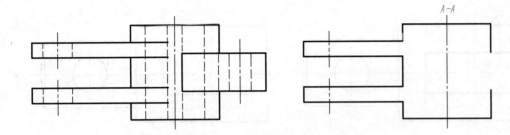

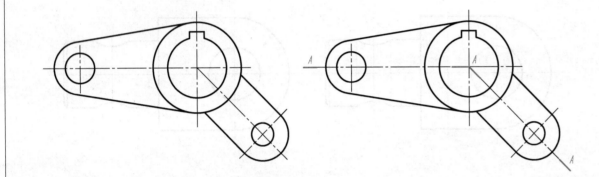

5-12-2 用相交的剖切平面,将主视图改画成全剖视图。

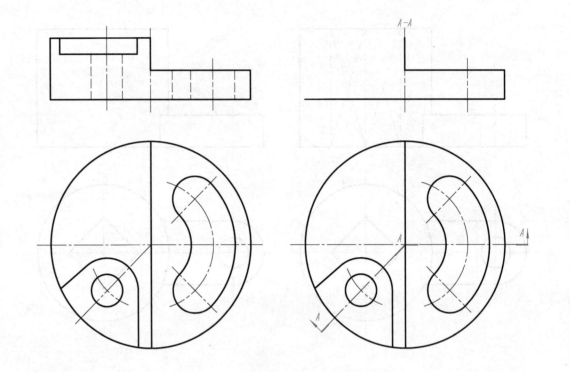

5-12-3 用平行的剖切平面,将主视图改画成全剖视图。

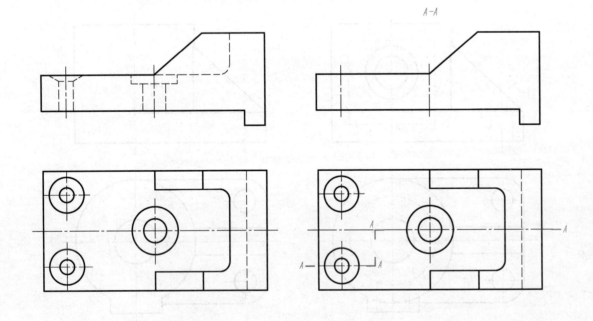

5-12-4 用平行的剖切平面,将主视图改画成全剖视图。

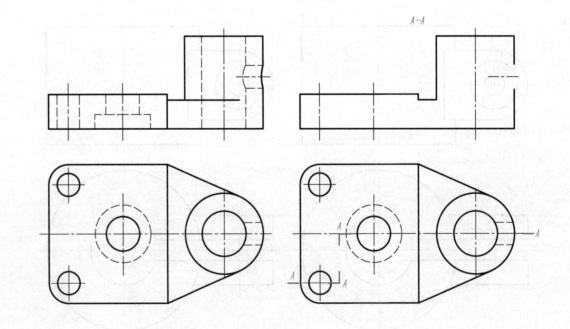

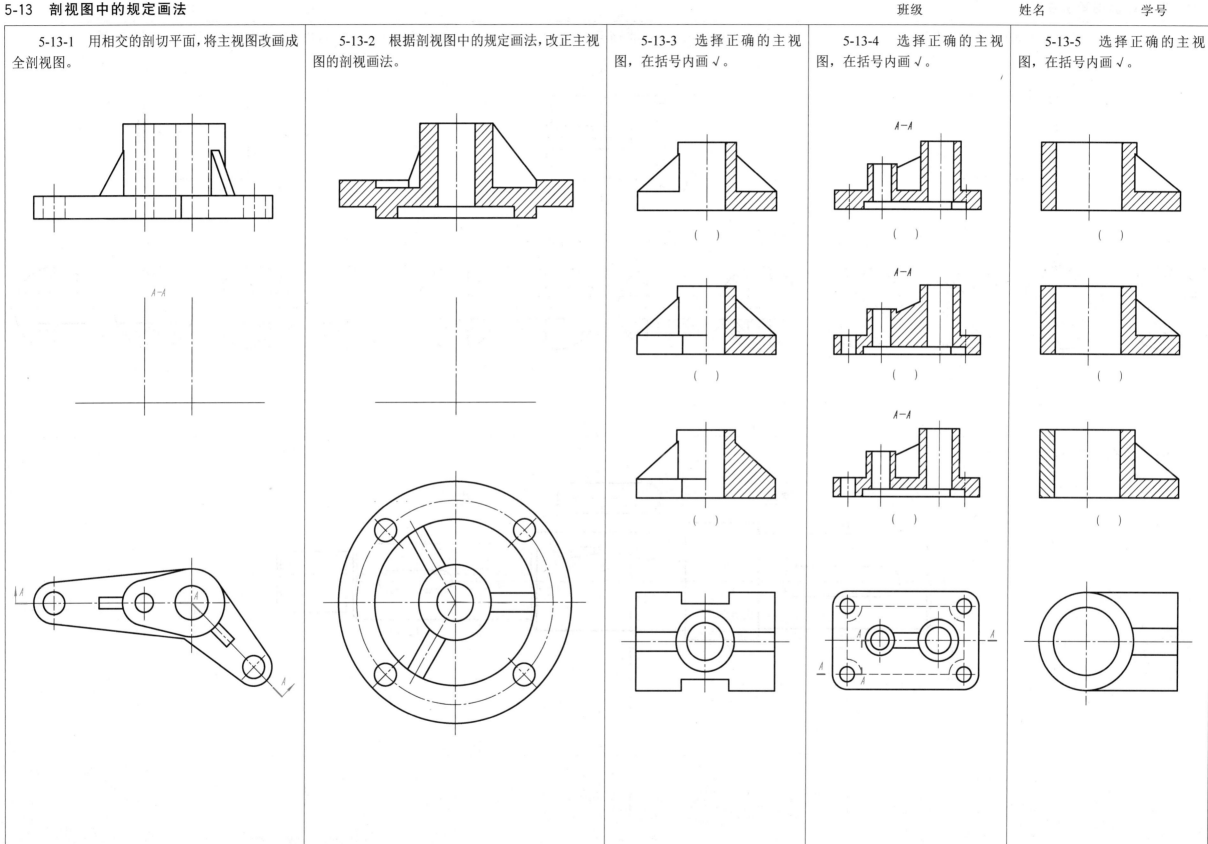

5-13-1 用相交的剖切平面,将主视图改画成全剖视图。

5-13-2 根据剖视图中的规定画法,改正主视图的剖视画法。

5-13-3 选择正确的主视图,在括号内画√。

5-13-4 选择正确的主视图,在括号内画√。

5-13-5 选择正确的主视图,在括号内画√。

5-14-1　找出正确的移出断面图，在括号内画√。

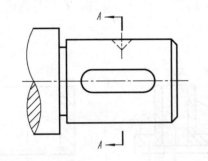

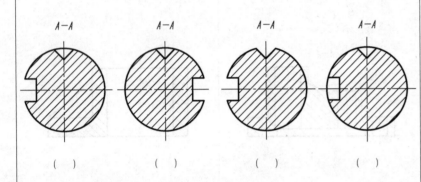

A—A　　　A—A　　　A—A　　　A—A

（　）　　（　）　　（　）　　（　）

5-14-2　找出正确的移出断面图，在括号内画√。

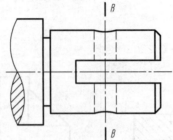

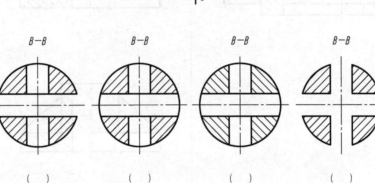

B—B　　B—B　　B—B　　B—B

（　）　　（　）　　（　）　　（　）

5-14-3　找出正确的移出断面图，在括号内画√。

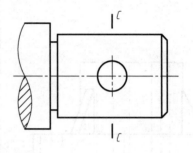

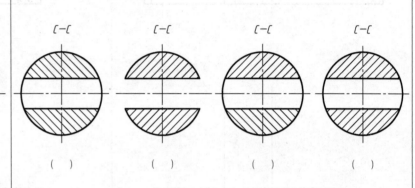

C—C　　C—C　　C—C　　C—C

（　）　　（　）　　（　）　　（　）

5-14-4　在指定位置画出移出断面图。

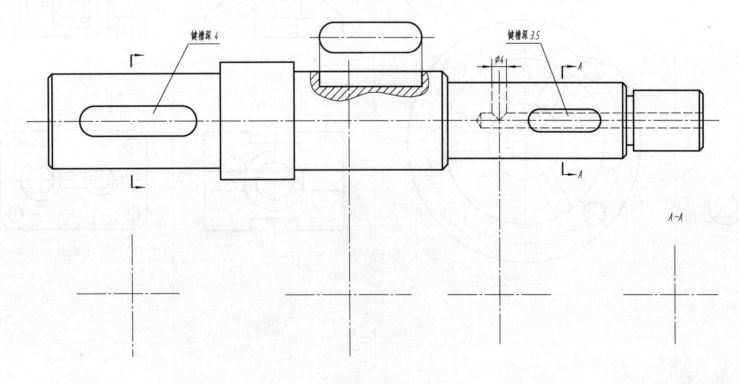

键槽深4　　　　　键槽深3.5

φ4

A—A

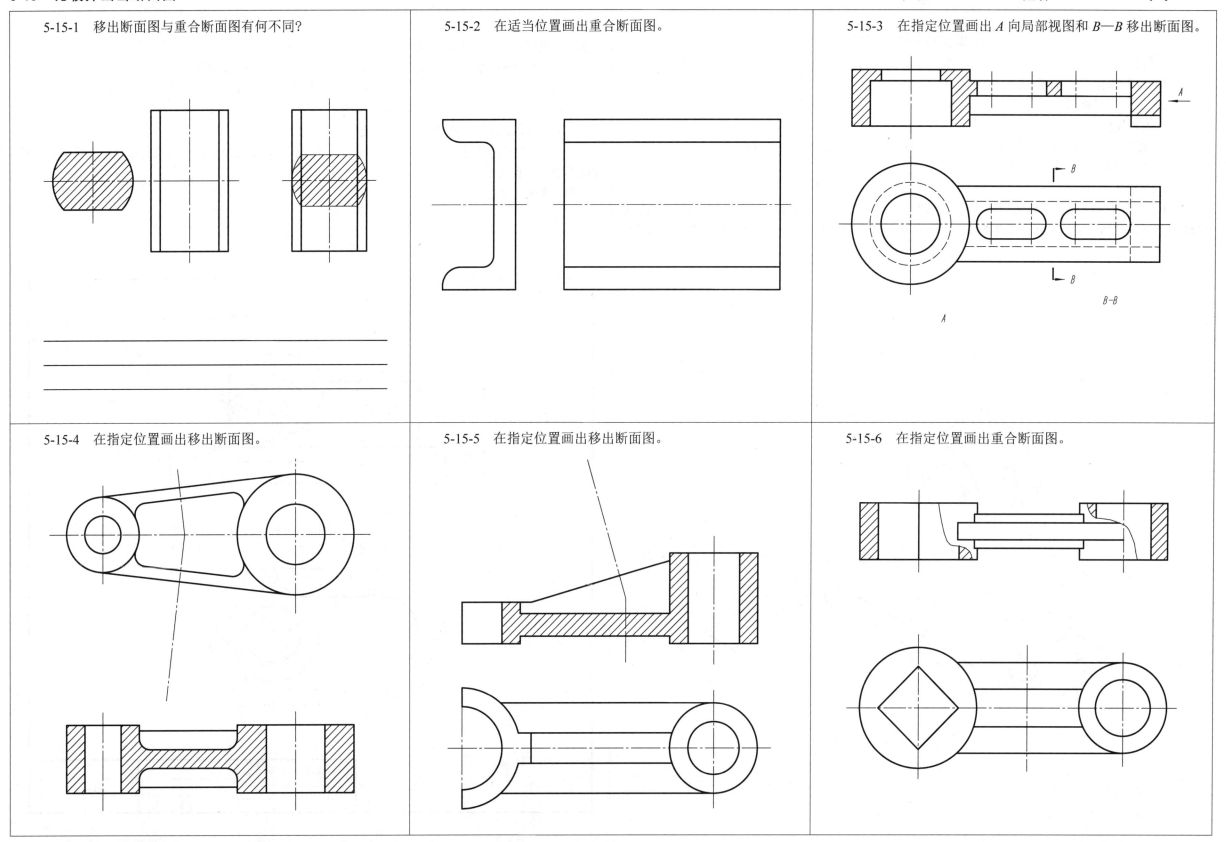

5-15-1 移出断面图与重合断面图有何不同?

5-15-2 在适当位置画出重合断面图。

5-15-3 在指定位置画出 A 向局部视图和 B—B 移出断面图。

5-15-4 在指定位置画出移出断面图。

5-15-5 在指定位置画出移出断面图。

5-15-6 在指定位置画出重合断面图。

作业指导书（四）

一、目的
（1）培养选择物体表达方法的基本能力。
（2）进一步理解剖视的概念，掌握剖视图的画法。

二、内容与要求
（1）根据任课教师指定的图例（轴测图或视图），选择合适的表达方法并标注尺寸。
（2）自行确定比例及图纸幅面，用铅笔描深。

三、注意事项
（1）应用形体分析法，看清物体的形状结构。首先考虑把主要结构表达清楚，对尚未表达清楚的结构可采用适当的表达方法（辅助视图、剖视图等）或改变投射方向予以解决。可多考虑几种表达方案，并进行比较，从中确定最佳方案。

（2）剖视图应直接画出，而不是先画成视图，再将视图改成剖视图。

（3）要注意剖视图的标注。分清哪些剖切位置可以不标注，哪些剖切位置必须标注。

（4）要注意局部剖视图中波浪线的画法。

（5）剖面线的方向和间隔应保持一致。

（6）不要照抄图例中的尺寸注法。应用形体分析法，结合剖视图的特点标注尺寸，确保所注尺寸既不遗漏，也不重复。

四、图例（下方）

5-16-1

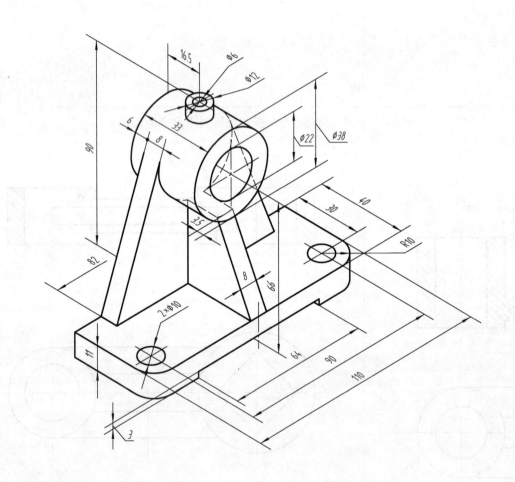

5-16-2

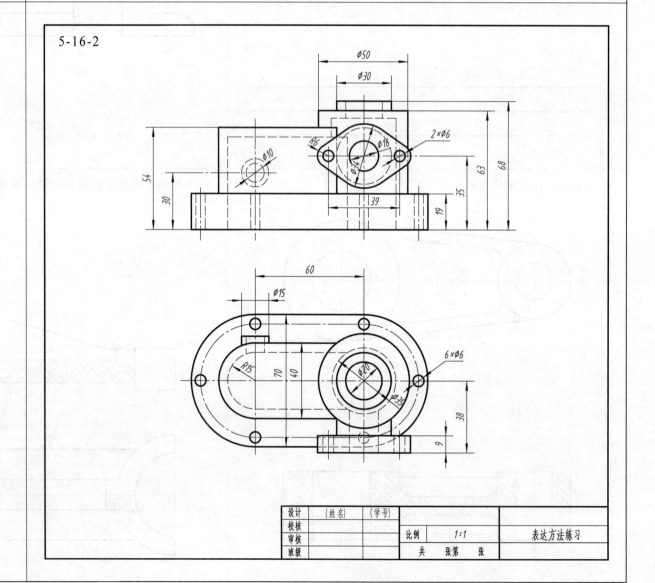

设计	(姓名)	(学号)			
校核					
审核			比例	1:1	表达方法练习
班级			共 张第 张		

5-17-1 根据轴测图及尺寸，用第三角画法画出物体的六面视图（按第三角画法配置）。

5-17-2 补画第三角画法中所缺的右视图。

5-17-3 补画第三角画法中所缺的俯视图。

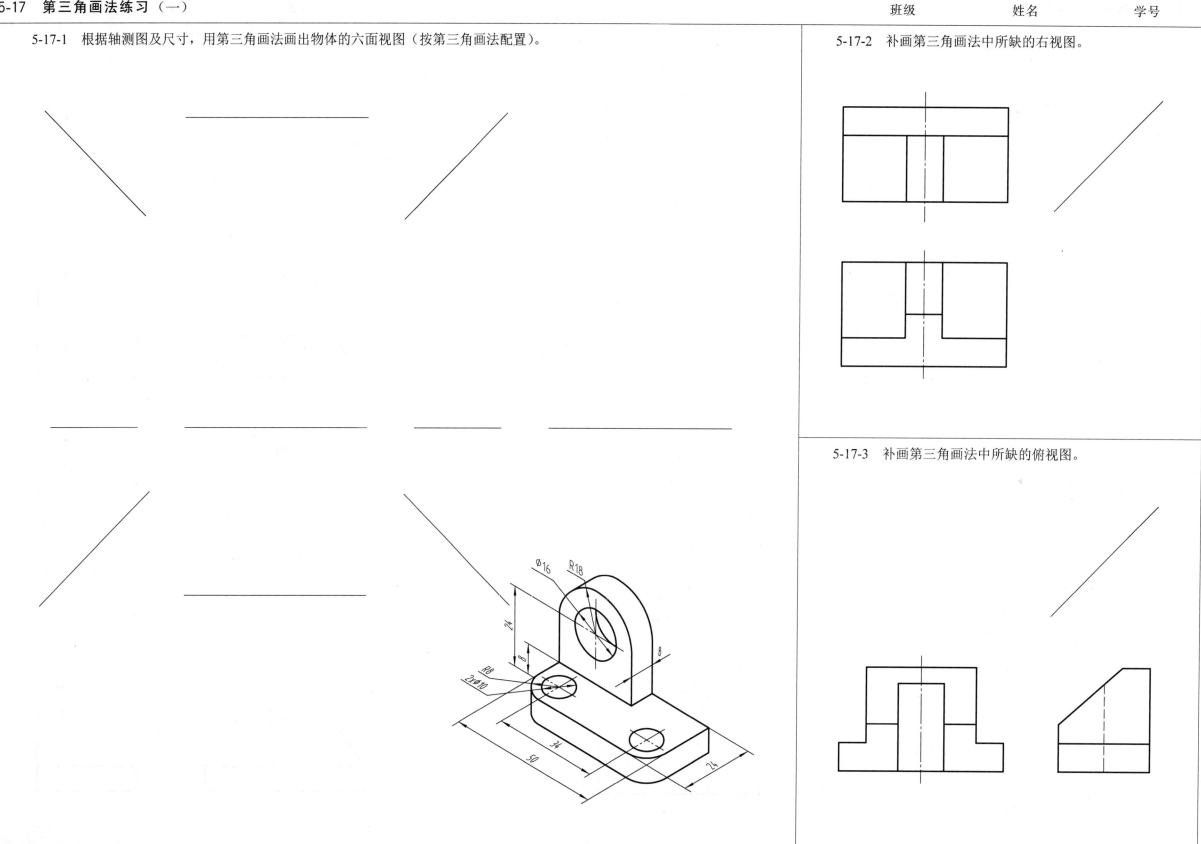

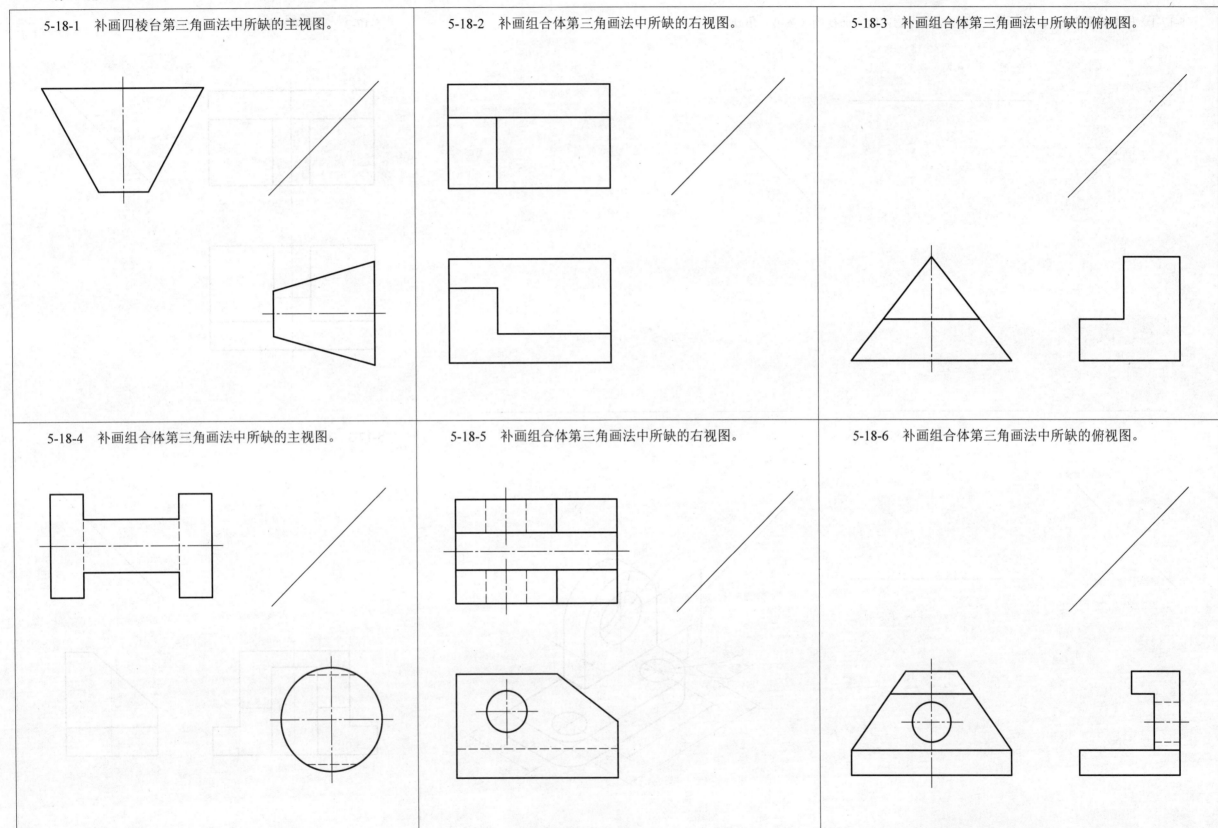

5-18-1　补画四棱台第三角画法中所缺的主视图。

5-18-2　补画组合体第三角画法中所缺的右视图。

5-18-3　补画组合体第三角画法中所缺的俯视图。

5-18-4　补画组合体第三角画法中所缺的主视图。

5-18-5　补画组合体第三角画法中所缺的右视图。

5-18-6　补画组合体第三角画法中所缺的俯视图。

第六章 零件的连接及其画法

6-1 找出下列螺纹画法中的错误，用铅笔圈出

班级   姓名   学号

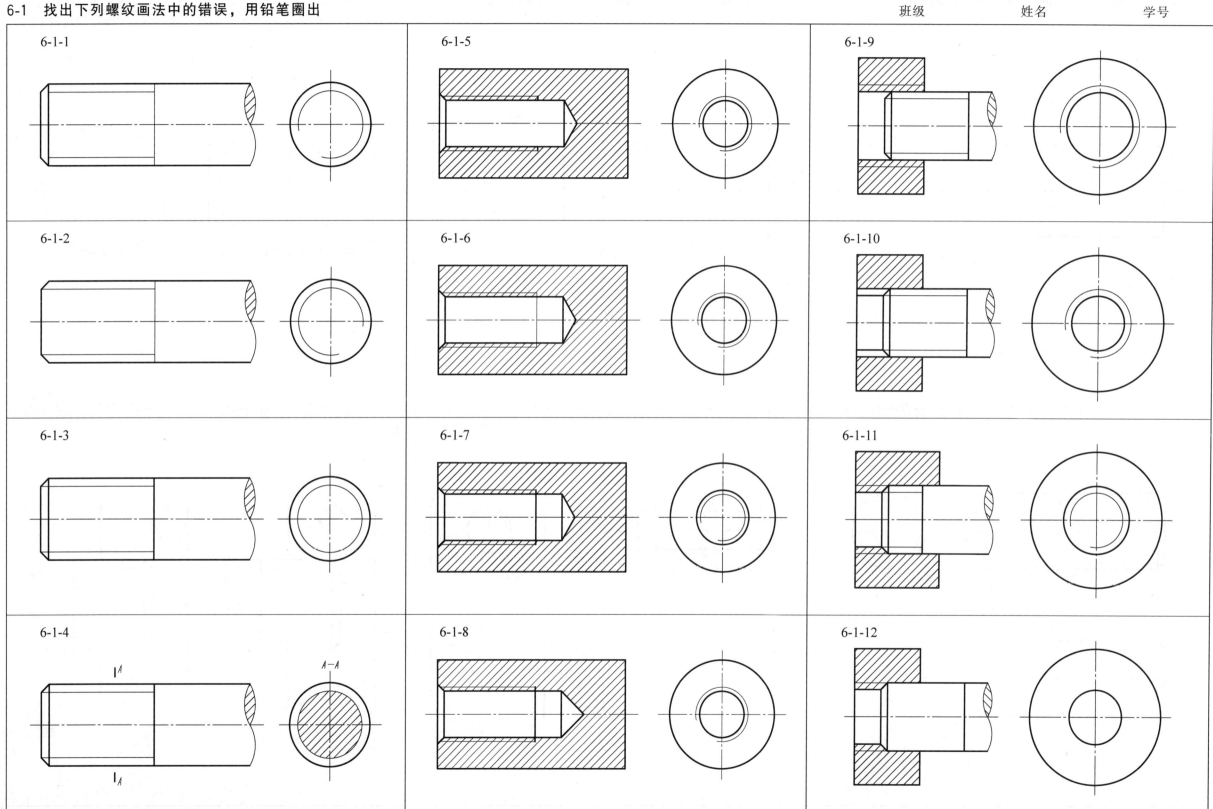

6-1-1

6-1-5

6-1-9

6-1-2

6-1-6

6-1-10

6-1-3

6-1-7

6-1-11

6-1-4

6-1-8

6-1-12

6-2-1 外螺纹（d=24 mm），螺纹长度为35mm。

6-2-2 螺纹通孔（D=20mm），两端孔口倒角为C1.5。

6-2-3 螺纹不通孔（D=16mm），钻孔深度为30 mm，螺纹深度为22 mm，孔口倒角为C1.5（钻孔底部的画法，参见教材图6-2）。

6-2-4 找出外螺纹画法中的错误，在指定位置画出正确的图形。

6-2-5 找出内螺纹画法中的错误，在指定位置画出正确的图形。

6-2-6 找出螺纹联接画法中的错误，在指定位置画出正确的图形。

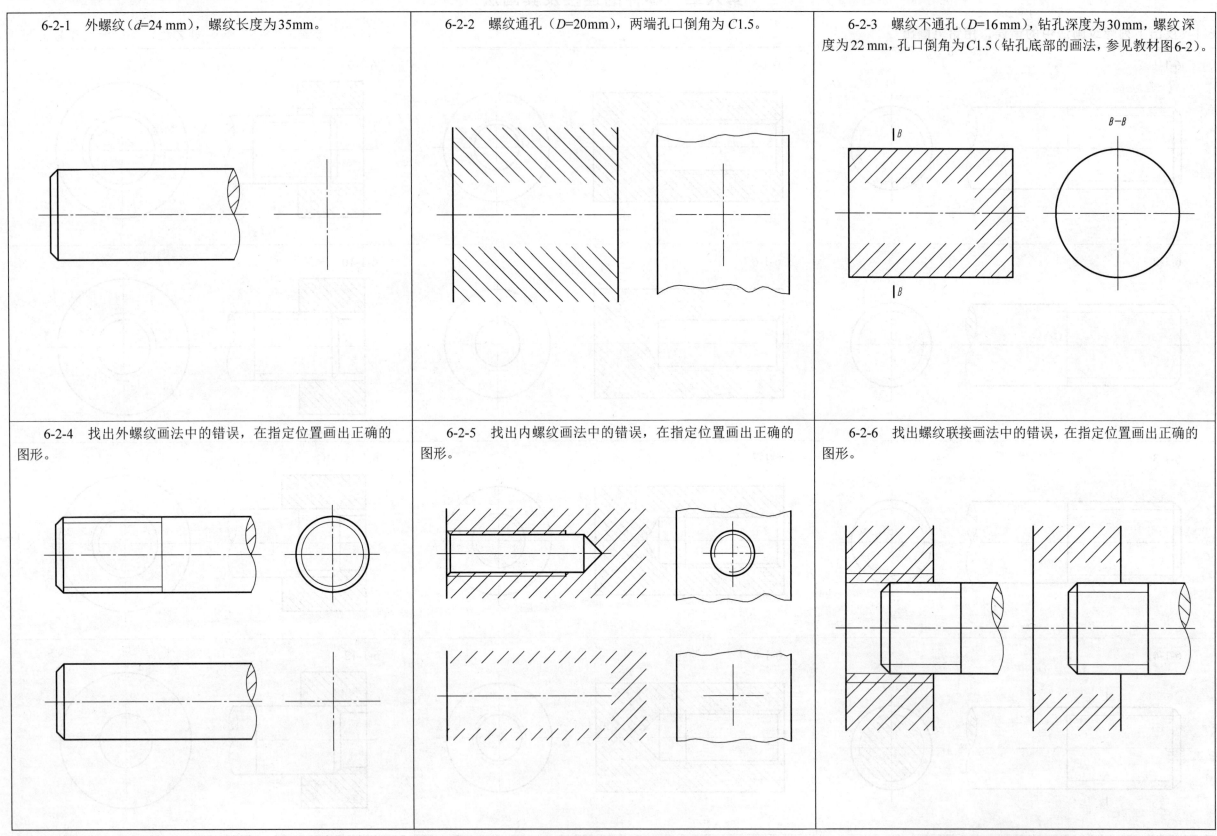

6-3-1　普通螺纹，大径为 20mm，螺距为 2.5 mm，单线，中径和大径公差带均为 6g，右旋。	6-3-2　普通螺纹，大径为 20mm，螺距为 2mm，单线，中径和小径公差带均为 6H，右旋。	6-3-3　55° 非密封管螺纹，尺寸代号为 3/4，公差带等级为 A 级，右旋。	6-3-4　55° 密封管螺纹（圆锥内螺纹），尺寸代号为 3/4，右旋。
6-3-5　改正粗牙普通外螺纹标注的错误。	6-3-6　改正粗牙普通外螺纹标注的错误。	6-3-7　改正粗牙普通外螺纹标注的错误。	6-3-8　改正粗牙普通内螺纹标注的错误。
		M24	
			M24-6h
24	*M24*		
6-3-9　改正 55° 非密封管螺纹标注的错误。	6-3-10　改正 55° 非密封管螺纹标注的错误。	6-3-11　改正 55° 密封圆柱管螺纹标注的错误。	6-3-12　改正 55° 密封圆柱管螺纹标注的错误。
G1½A	*G1½A*	*Rp¾*	*Rp¾*

6-4-1 查附表确定 A 级六角头螺栓（GB/T 5782—2016）的尺寸，并写出其规定标记。

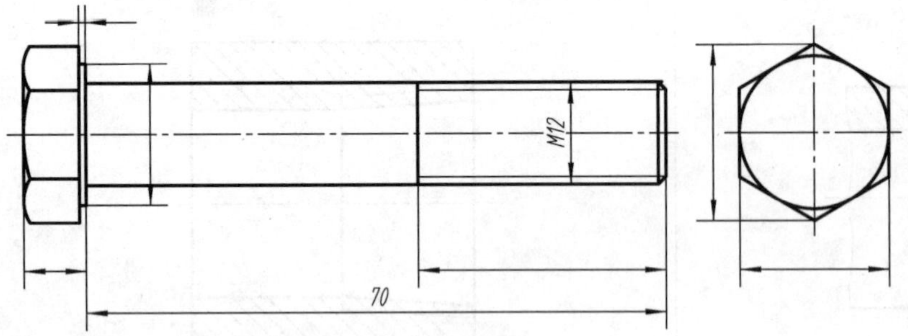

规定标记：_____

6-4-2 查附表确定压力容器法兰用 A 型等长双头螺柱（NB/T 47027—2012）的尺寸，并写出其规定标记。

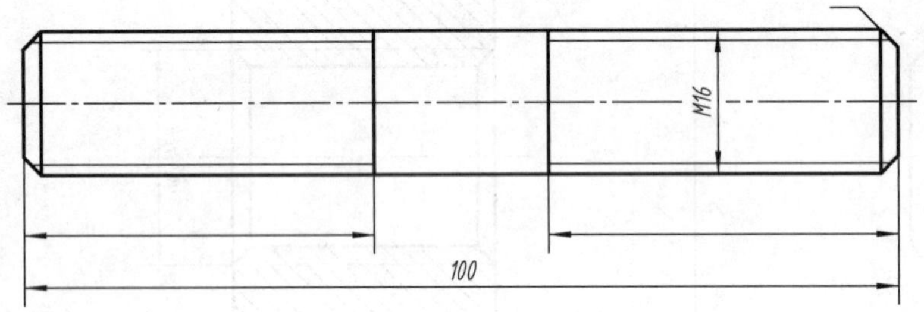

规定标记：_____

6-4-3 查附表确定 1 型六角螺母（GB/T 6170—2015）的尺寸，并写出其规定标记。

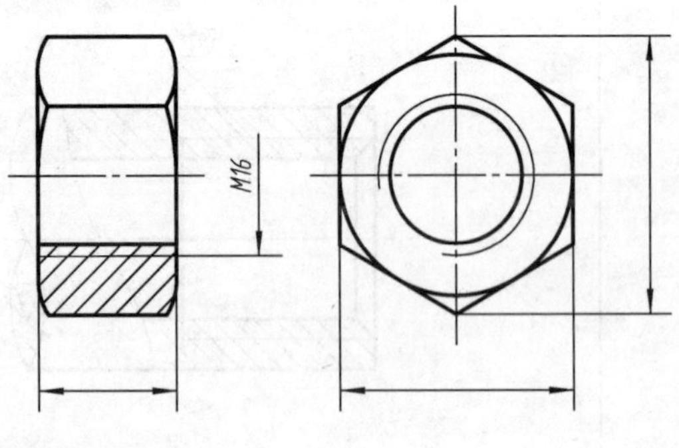

规定标记：_____

6-4-4 按简化画法完成螺栓联接的全剖视图（螺栓规格按 1:1 的比例由图中量得）。

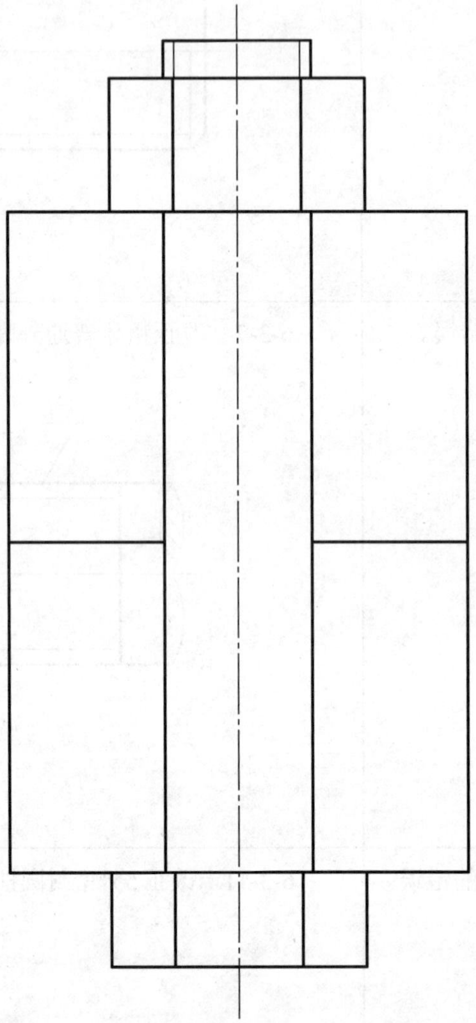

6-4-5 按简化画法完成双头螺柱联接的全剖视图（螺柱规格按 1:1 的比例由图中量得）。

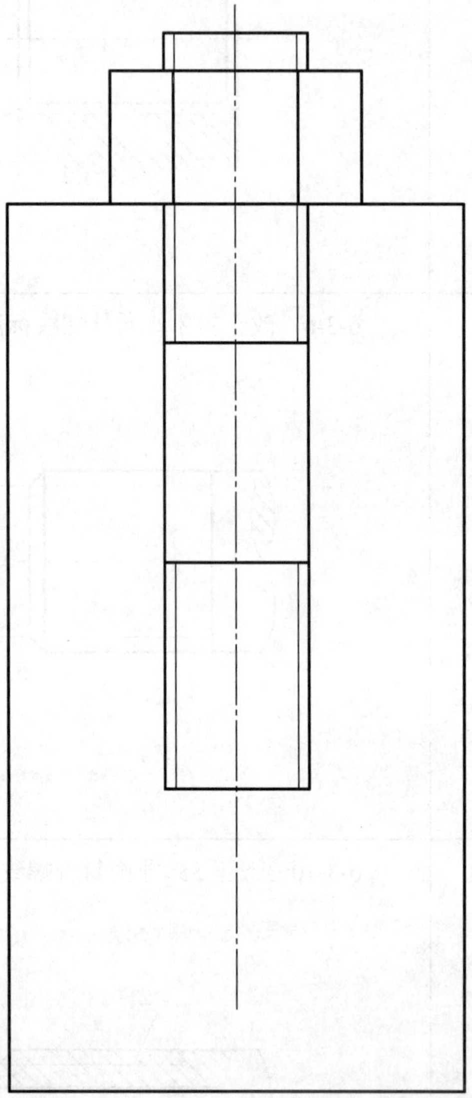

6-4-6 按简化画法完成等长双头螺柱联接的全剖视图（螺栓规格按 1:1 的比例由图中量得）。

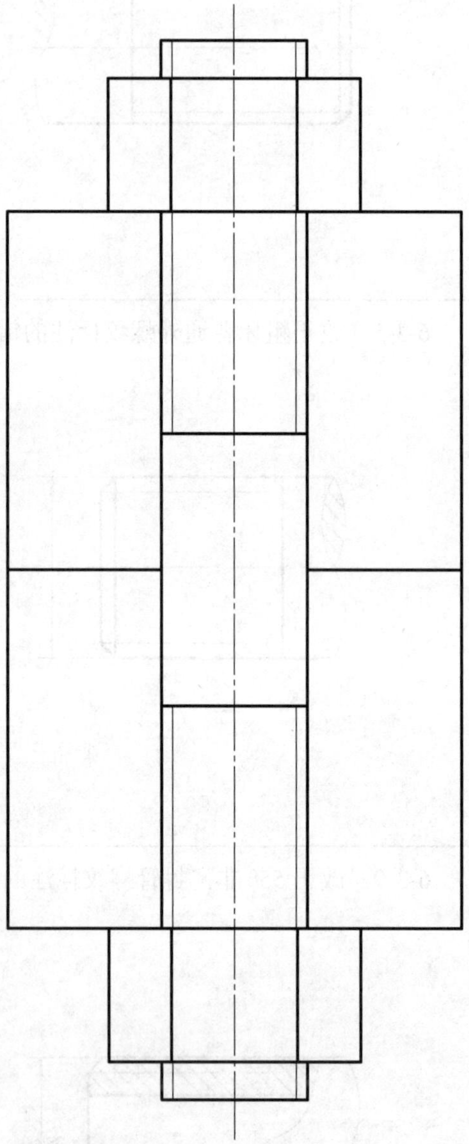

6-5-1 找出螺栓联接三视图中的错误（每题 3 处，用铅笔圈出）。

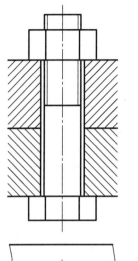

6-5-2 找出螺栓联接三视图中的错误（每题 3 处，用铅笔圈出）。

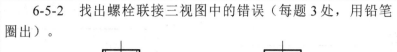
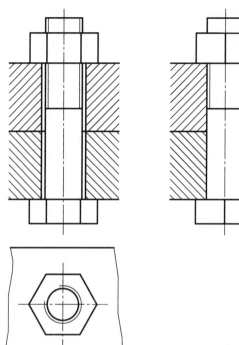

6-5-3 找出螺栓联接三视图中的错误（每题 3 处，用铅笔圈出）。

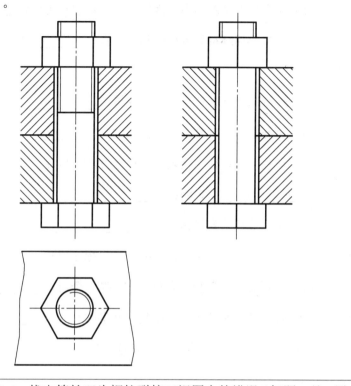

6-5-4 找出等长双头螺柱联接三视图中的错误（每题 3 处，用铅笔圈出）。

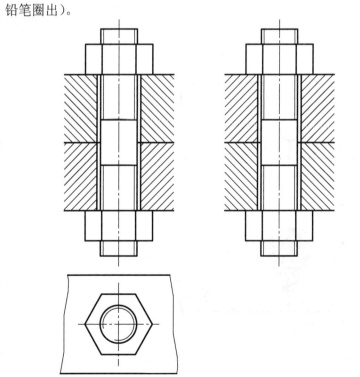

6-5-5 找出等长双头螺柱联接三视图中的错误（每题 3 处，用铅笔圈出）。

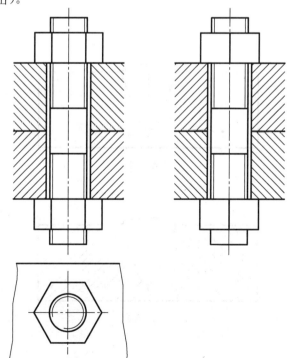

6-5-6 找出等长双头螺柱联接三视图中的错误（每题 3 处，用铅笔圈出）。

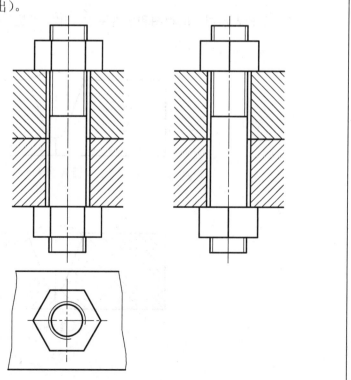

6-6-1 回答下列问题。

（1）在金属焊接图样中，优先采用图示法？还是焊缝符号表示法？ _____

（2）完整的焊缝符号包括哪几项内容？ _____

_____

（3）焊缝的"基本符号"表示焊缝_____的形式或特征。

（4）"补充符号"是必须要标出的吗？ _____

（5）这些阿拉伯数字代表哪些焊接方法？111：_____、212：_____、

311：_____、84：_____

（6）指引线箭头直接指向_____一侧，则将基本符号标在基准线的细实线上。

（7）_____时，可以在焊缝符号中标注尺寸。

（8）"焊脚尺寸"和"焊角尺寸"哪一个对？ _____

（9）坡口角度和坡口面角度是一回事吗？ _____

（10）什么样焊缝称为"双面焊缝"？ _____什么样焊缝称为"对称焊缝"？ _____

6-6-2 写出下列符号的名称，并判断其类别，画 ✓。

符号	名称	类别	
		基本符号	补充符号
Ⅴ			
 ○			
 ◡			
 ‖			
⊏			
⊔			
 Ⅴ			
 ⊀			
 ⊲			
 ⊀			

6-6-3 下列表示焊缝的视图和剖视图中，哪一幅是正确的？

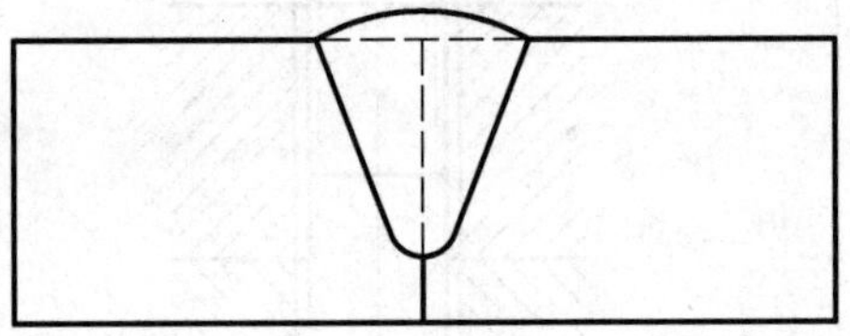

(正确、错误) 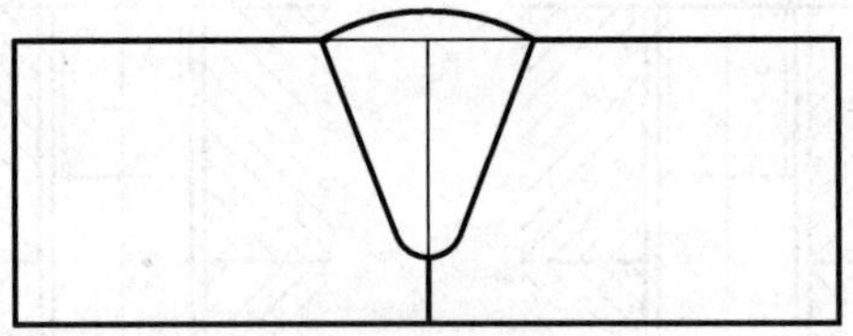   (正确、错误) 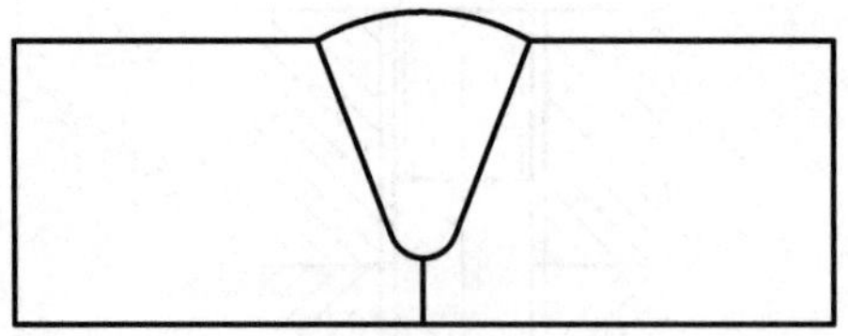   (正确、错误)

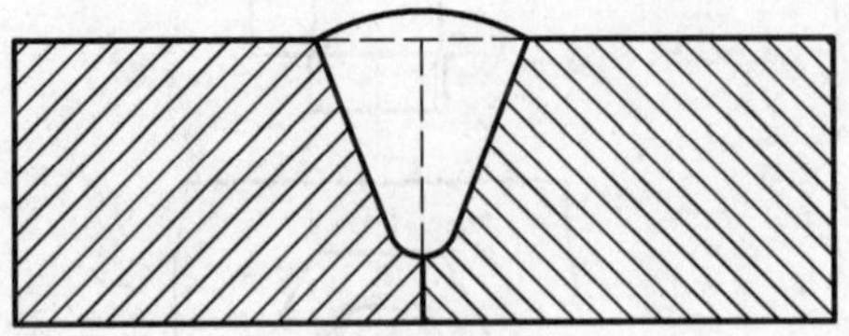

(正确、错误) 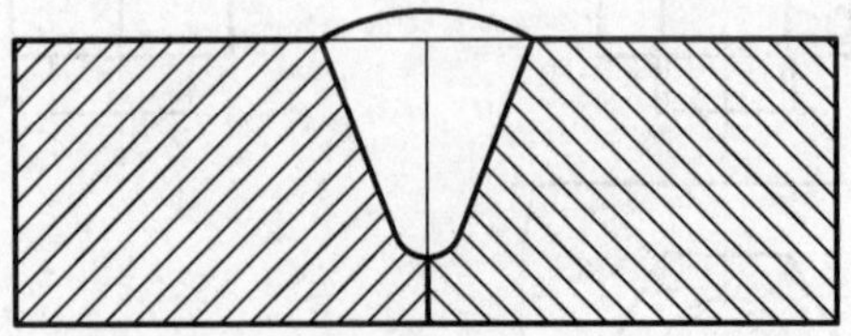   (正确、错误) 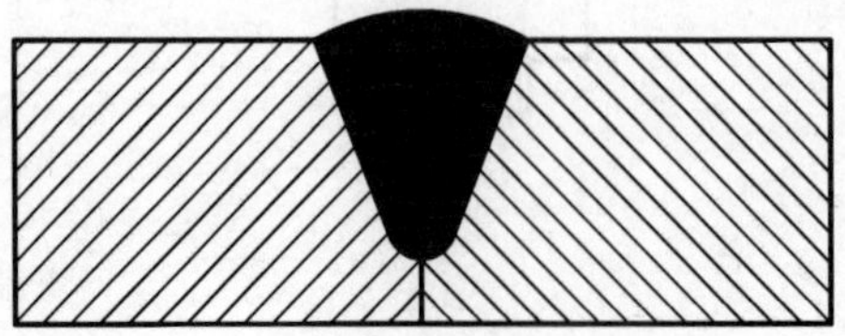   (正确、错误)

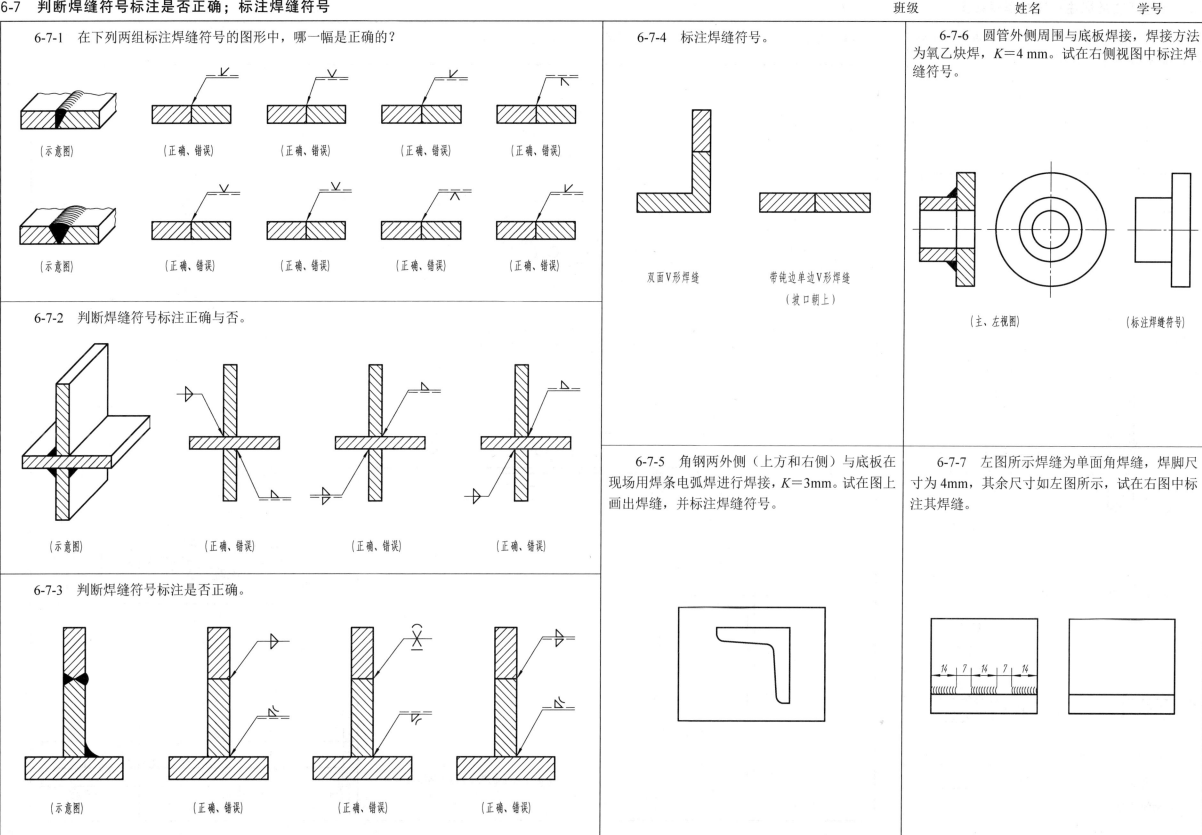

6-7-1 在下列两组标注焊缝符号的图形中，哪一幅是正确的？

(示意图) 　(正确、错误) 　(正确、错误) 　(正确、错误) 　(正确、错误)

(示意图) 　(正确、错误) 　(正确、错误) 　(正确、错误) 　(正确、错误)

6-7-2 判断焊缝符号标注正确与否。

(示意图) 　(正确、错误) 　(正确、错误) 　(正确、错误)

6-7-3 判断焊缝符号标注是否正确。

(示意图) 　(正确、错误) 　(正确、错误) 　(正确、错误)

6-7-4 标注焊缝符号。

双面V形焊缝 　　带钝边单边V形焊缝
　　　　　　　　　　（坡口朝上）

6-7-5 角钢两外侧（上方和右侧）与底板在现场用焊条电弧焊进行焊接，K＝3mm。试在图上画出焊缝，并标注焊缝符号。

6-7-6 圆管外侧周围与底板焊接，焊接方法为氧乙炔焊，K＝4 mm。试在右侧视图中标注焊缝符号。

(主、左视图) 　　　　(标注焊缝符号)

6-7-7 左图所示焊缝为单面角焊缝，焊脚尺寸为4mm，其余尺寸如左图所示，试在右图中标注其焊缝。

14　7　14　7　14

6-8-1　根据左图中的焊缝符号，在右图中画出焊缝图形，并标注焊缝尺寸。

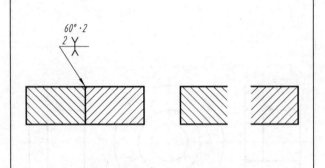

6-8-2　将焊缝符号表达的内容，用图示法表示出来。

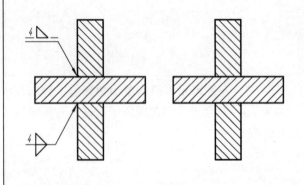

6-8-3　说明焊缝符号的含义。

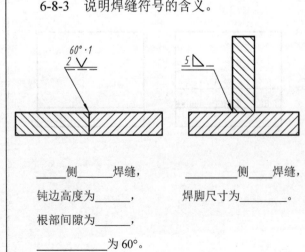

＿＿＿＿侧＿＿＿＿焊缝，　　　　＿＿＿＿侧＿＿焊缝，

钝边高度为＿＿＿＿，　　　　焊脚尺寸为＿＿＿＿。

根部间隙为＿＿＿＿，

＿＿＿＿为60°。

6-8-4　读上框架梁焊接图，说明图中5处焊缝标注的含义，并画出 A－A、B－B、C－C 三个断面图。

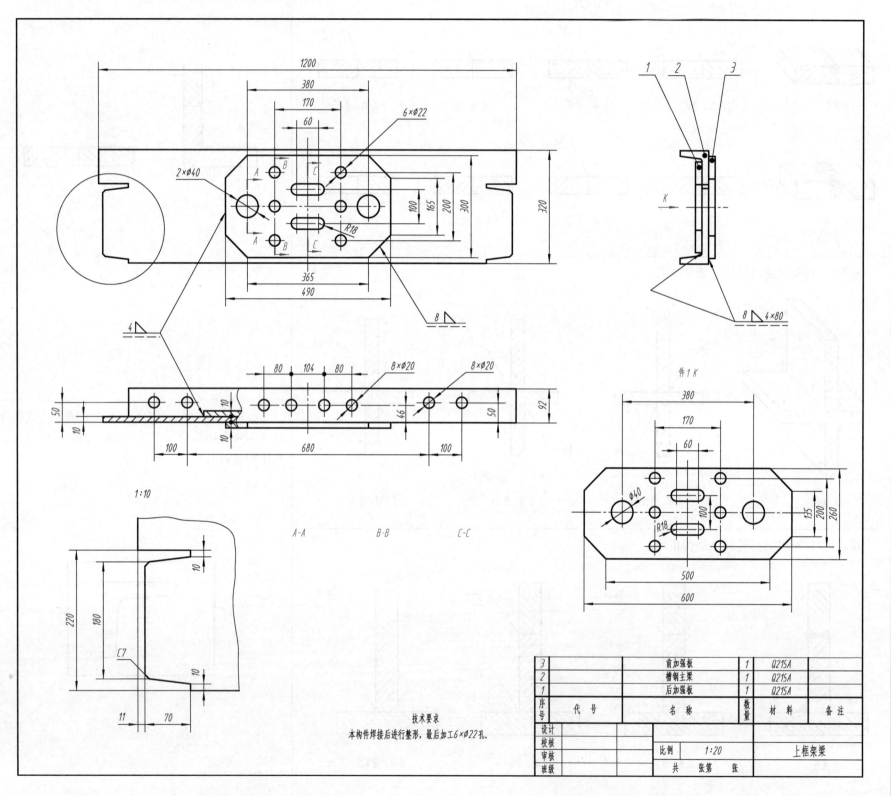

3		前加强板	1	Q215A	
2		槽钢主梁	1	Q215A	
1		后加强板	1	Q215A	
序号	代　号	名　称	数量	材　料	备注
设计					
校核			比例	1:20	上框架梁
审核					
班级			共　张第　张		

技术要求
本构件焊接后进行整形，最后加工6×φ22孔。

第七章　化工设备图

7-1　根据规定标记，查教材附录，注出下列化工设备标准零部件的尺寸

7-1-1　公称直径 1400mm、名义厚度 14mm、材质 16MnR、以内径为基准的椭圆形封头。

　　EHA　1400×14-16MnR　GB/T 25198—2010

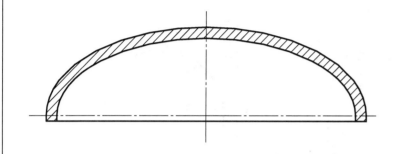

7-1-3　公称尺寸（见下表），公称压力 $PN16$，配用公制管的突面板式平焊钢制管法兰，材料为 Q235A。

　　HG/T 20592—2009　法兰　PL××（B）-16　RF　Q235A

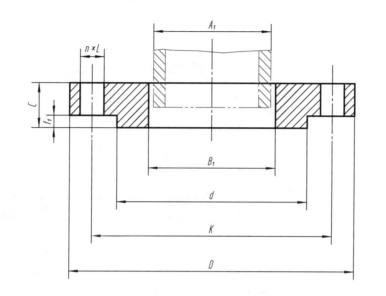

7-1-4　公称直径 $DN450$、$H_1=160$、Ⅰ类材料、采用石棉橡胶板垫片的常压人孔。

　　人孔　Ⅰb（A-XB350）　450　HG/T 21515—2014

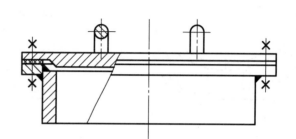

7-1-2　接管公称直径 $d_N450\,mm$、补强圈厚度为14mm、坡口形式为 A 型、材料为 Q235B 的补强圈。

　　$d_N450×14$-A-Q235B　JB/T 4736—2002

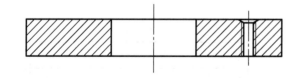

管口符号	a	b_{1-4}	c	d、f、g
公称压力/bar		16		
接管尺寸/mm	$\phi32×3.5$	$\phi25×3$	$\phi57×3.5$	$\phi32×3.5$
公称通径 DN				
法兰尺寸　A_1				
B_1				
D				
K				
d				
C				
f_1				
$n×L$				

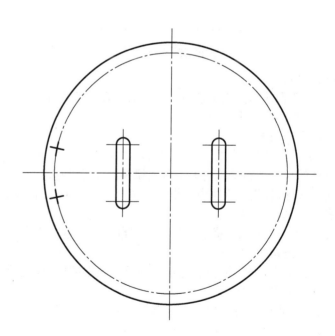

7-2-1 容器的公称直径为1400mm、支座包角为120°，重型，带垫板，标准高度的固定式焊制鞍座（鞍座材料 Q345R）。

NB/T 47065.1—2018　鞍式支座　B I　1400—F

NB/T 47065.1—2018　鞍式支座　B I　1400—S

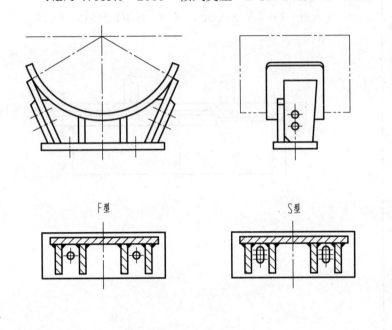

F型　　　　　　S型

作业指导书（五）

一、目的

（1）熟悉并掌握化工设备装配图的内容及表达方法。

（2）掌握绘制化工设备装配图的基本方法。

二、内容与要求

（1）根据7-2-2中的液化石油气贮罐的装配示意图，结合7-1中各零部件的尺寸，拼画液化石油气贮罐装配图，并标注尺寸。

（2）根据装配示意图中所指定的位置，作出 A—A 剖视、局部放大图和局部剖视。

（3）用 A2 图纸、横放。绘图比例自定，铅笔加深。

三、注意事项

（1）画图前必须读懂装配示意图及有关零部件图，了解各零部件的连接关系及相对位置。

（2）布置图面时，要考虑标题栏、明细栏、管口表、技术特性表和技术要求的摆放位置，力争布局匀称。

（3）局部放大部位的结构，可参考教材附表15绘制。

（4）筒体、封头、接管等壁厚可不按比例适当夸大画出，但不要超过 2.5mm。

（5）相邻零件剖面线的方向相反；同一零件剖面线的倾斜方向、间隔和倾斜角度要保持一致。

7-2-2 液化石油气贮罐装配示意图、管口表、技术特性表和技术要求。

液化石油气贮罐
（V_g=6m³）

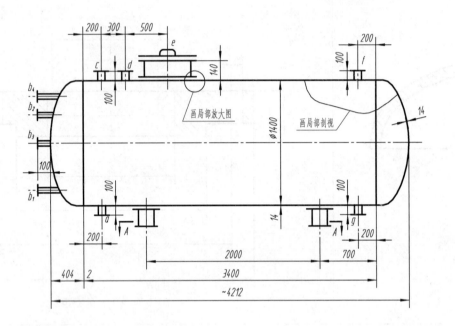

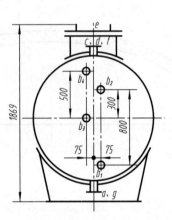

技术要求

1. 本设备按 GB/T 150.4—2011《压力容器　第4部分：制造检验和验收》和《压力容器安全监察规程》进行制造、试验和验收。

2. 焊接采用焊条电弧焊。焊接材料、接头形式及尺寸按 NB/T 47015—2011《压力容器焊接规程》中规定，法兰焊接按相应法兰标准。

3. 壳体焊缝应进行无损探伤检查，检查长度为焊缝总长的100%。合格标准：超声波探伤按 GB/T 3323.1—2019《焊缝无损检测　第1部分：X和伽玛射线的胶片技术》I级；射线探伤按 NB/T 47013.1—2015《承压设备无损检测》B级。

4. 设备焊接完毕后进行消除应力处理。

5. 设备制造完毕后，以 2.5 MPa 表压进行水压试验。水压试验合格后，以 2.2 MPa 表压进行气密性试验。

技 术 特 性 表

公称压力/MPa	1.6	工作温度/℃	20
设计压力/MPa	2.2	设计温度/℃	30
物料名称		混合液化石油气	
焊缝系数 φ	I	腐蚀裕度/mm	3
容器类别	II	容积/m³	4.8

管 口 表

符号	公称尺寸	连接尺寸，标准	连接面形式	用途或名称
a	25	HG/T 20592—2009	凹面	进料口
b₁₋₄	20			液面计接口
c	50	HG/T 20592—2009	平面	安全阀
d	25	HG/T 20592—2009	凹面	压力表
e	450	HG/T 21515—2014		人孔
f	25	HG/T 20592—2009	凹面	放空阀
g	25	HG/T 20592—2009	凹面	出料口

7-3-1　读懂冷凝器装配图（7-4），回答下列问题

（1）图上零件编号共有_____种，其中标准化零部件有_____种。接管口有___个。

（2）设备管间工作压力为_____，管内工作压力为_____，管间的设计温度为_____，管内的设计温度为_____，换热面积为_____。

（3）装配图采用了___个基本视图。一个是____视图，另一个是____视图。主视图采用的是_____的表达方法，另一视图采用的是_____的表达方法。

（4）B－B剖视图表达了_____型和_____型鞍式支座，两种支座的_____结构不同，为什么？_____

（5）图样中采用了___个局部放大图，主要表达了_____与_____和_____与_____的连接方式，同时也表达了的_____结构以及23号件的结构形状。

（6）该冷凝器共有_____根换热管，管子的长度为_____，壁厚为_____。管内走_____，管外（壳程）走_____。试在图中用铅笔画出两种流体的走向。

（7）冷凝器的内径为_____，外径为_____；该设备总长为_____，总高为_____。

（8）换热管与管板连接方式为_____，而封头与筒体用_____个_____联接。

（9）试解释"法兰　PL　25（B）-16　RF"（件14）的含义。

　　PL：_____

　　25：_____

　　B：_____

　　16：_____

　　RF：_____

（10）拆画件4、件8零件图（比例1：5）并标注尺寸。

7-3-2　冷凝器工作原理简介。

冷凝器工作原理

冷凝器是进行热量交换的通用设备。在化工生产中，对流体加热或冷却，以及液体汽化或蒸气冷凝等过程都需要进行热量交换，因而需要冷凝器。

它的工作原理是：两种介质各自通过管内及管间进行热量交换。

固定管板式冷凝器是列管式换热器的一种。它主要由固定在管板上的管子、管板和壳体组成。这种换热器的结构比较简单、紧凑，便于清洗管内及更换管子，但清洗管外比较困难，适用于壳程介质清洁，不易结垢，管内需清洗及温差比较小的场合。

卧式换热器用鞍式支座固定在基础上。

冷凝器工作原理示意图

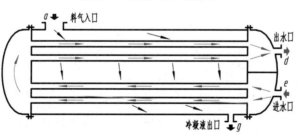

7-3-3　拆画冷凝器件4（椭圆封头）零件图。

7-3-4　拆画冷凝器件8（补强圈）零件图。

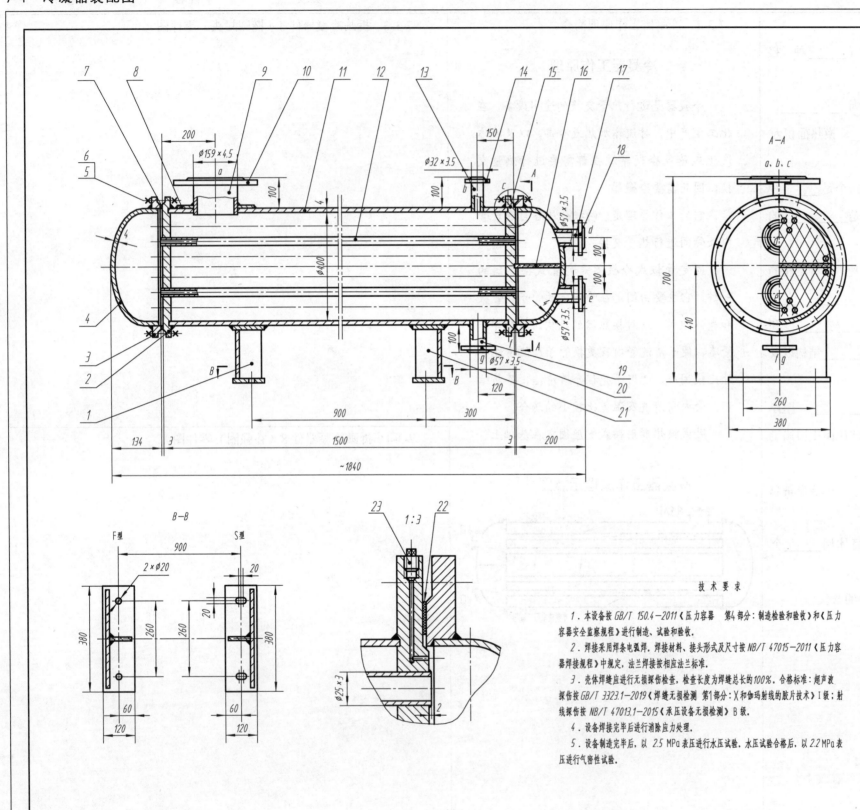

A—A

B—B

技 术 特 性 表

内 容	管 内	管 间
工作压力/MPa	0.3	0.15
设计温度/℃	20	55
物料名称	水	料气
换热面积/m²	17	

管 口 表

符号	公称尺寸	连接尺寸,标准	连接面形式	用途或名称
a	150	HG/T 20592—2009	平面	料气入口
b	25	HG/T 20592—2009	平面	放空口
c		G1/4	螺纹	排气孔
d	50	HG/T 20592—2009	平面	出水口
e	50	HG/T 20592—2009	平面	进水口
f		G1/4	螺纹	放水口
g	50	HG/T 20592—2009	平面	冷凝液出口

设备总质量:850 kg

23		管堵 G1/4	2	Q235A	
22	HG/T 20606—2009	垫片 RF 400—16	1	石棉橡胶板	
21	NB/T 47065.1—2018	鞍式支座 BI 400—S	1	Q235B	
20	HG/T 20592—2009	法兰 PL 50(B)-16 RF	1	Q235A	
19		接管 Φ57×3.5	1	10	l=110
18	HG/T 20592—2009	法兰 PL 50(B)-16 RF	2	Q235A	
17		接管 Φ57×3.5	1	10	l=120
16		隔板	1	Q235A	t=6
15		管板	1	Q235A	t=22
14	HG/T 20592—2009	法兰 PL 25(B)-16 RF	1	Q235A	
13		接管 Φ32×3.5	1	10	l=110
12		接管 Φ25×3	98	10	l=1510
11	GB/T 9019—2015	筒体 DN400×4	1	Q235A	H=1465
10	HG/T 20592—2009	法兰 PL 150(B)-16 RF	1	Q235A	
9		接管 Φ159×4.5	1	10	l=120
8	JB/T 4736—2002	补强圈 dN 150×4-A	1	Q235A	
7	HG/T 20606—2009	垫片 RF 400—16	1	石棉橡胶板	
6	GB/T 6170—2015	螺母 M16	40		
5	GB/T 5782—2016	螺栓 M16×60	40		
4	GB/T 25198—2010	封头 EHA 400×4-Q235A	2		
3	NB/T 47021—2012	法兰—RF 400—16	2	Q235A	
2		管板	1	Q235A	t=22
1	NB/T 47065.1—2018	鞍式支座 BI 1400—F	1	Q235B	
序号	代 号	名 称	数量	材 料	备 注

技 术 要 求

1. 本设备按 GB/T 150.4—2011《压力容器 第4部分:制造检验和验收》和《压力容器安全监察规程》进行制造、试验和验收.

2. 焊接采用焊条电弧焊. 焊接材料、接头形式及尺寸按 NB/T 47015—2011《压力容器焊接规程》中规定. 法兰焊接按相应法兰标准.

3. 壳体焊缝应进行无损探伤检查, 检查长度为焊缝总长的100%. 合格标准:超声波探伤按 GB/T 3323.1—2019《焊缝无损检测 第1部分:X和伽玛射线的胶片技术》I级; 射线探伤按 NB/T 47013.1—2015《承压设备无损检测》B级.

4. 设备制造完毕后进行消除应力处理.

5. 设备制造完毕后, 以 2.5 MPa 表压进行水压试验. 水压试验合格后, 以 2.2 MPa 表压进行气密性试验.

设计					
校核		比例	1:10	冷凝器	
审核					
班级		共 张第 张		F=17 m²	

第八章 建筑施工图

8-1 复习建筑施工图内容，按要求完成下列题目

班级　　　　　姓名　　　　　学号

8-1-1 回答下列问题。

（1）按房屋的基本组成和作用，可将其分为_____结构、_____结构、_____结构、_____结构、_____结构和_____结构。

（2）一套建筑施工图包括_____、_____图、_____图和_____图。

（3）常以建筑物的首层室内地面作为零点标高，注写成_____；建筑标高要求注写到小数点后第___位。

（4）建筑施工图中的尺寸以_____为单位，而表示楼层地面的标高以_____为单位。

（5）在平面图中，门的代号用_____表示，窗的代号用_____表示。

（6）在平面图和剖面图中，与剖切平面接触的轮廓线用_____线表示，其余可见轮廓线用_____线或_____线表示，定位轴线用_____线表示。

（7）在立面图中，最外轮廓线用_____线表示，门窗洞、台阶等主要结构用_____线表示，其他次要结构用_____线表示，地坪线用_____线表示。

8-1-2 回答下列问题。

（1）一般房屋有四个立面，通常把反映房屋主要出入口的立面图称为_____图，其背后的立面图称为_____图，左、右侧的立面图各称为_____图和_____图。

（2）建筑物的朝向是根据房屋主出入口所对方向确定的，一般根据房屋朝向将立面图分为_____图、_____图、_____图和_____图。

（3）建筑施工图中的_____，相当于机械图样中的主视图；建筑施工图中的_____，相当于机械图样中的俯视图；建筑施工图中的_____，相当于机械图样中的剖视图。

（4）定位轴线编号的圆圈用_____线绘制，其直径为_____mm。在平面图上，横向编号采用_____从左向右依次编写；竖向编号用_____自下而上顺序编写。

（5）立面图最外轮廓线用_____线表示，门窗洞、台阶等主要结构用_____线表示，其他次要结构（如窗扇的开启符号、水刷石墙面分格线、雨水管等）用_____线表示。

8-1-3
加深平面图中的图线；注写轴线的编号；根据图中已有的尺寸，补全图中所缺的尺寸（轴线位于墙的中间）；注写门（M）、窗（C）的编号。

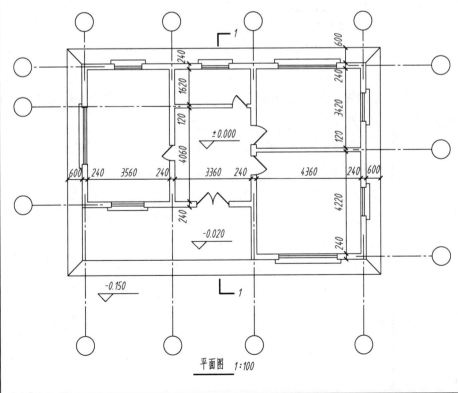

平面图 1:100

8-1-4
根据建筑制图标准的规定，加深南立面图和西立面图中的图线；注写轴线编号；注写标高尺寸；参照 8-1-3 平面图，绘制 1—1 剖面图。

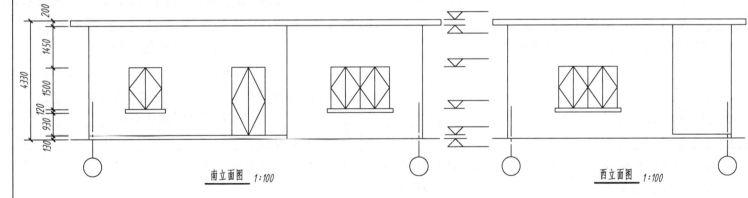

南立面图 1:100　　　西立面图 1:100

1—1 剖面图 1:100

第九章 化工工艺图

9-1 复习管道及仪表流程图内容，回答下列问题

9-1-1 复习管道及仪表流程图内容，回答下列问题。

（1）工艺方案流程图亦称_____或_____。

（2）工艺管道及仪表流程图亦称_____、_____或_____。

（3）机械制图的图线宽度分为____种，化工工艺图的图线宽度分为____种。

（4）化工工艺图的图线宽度分为：粗线宽_____mm、中粗线宽_____mm、细线宽_____mm。

（5）在工艺管道及仪表流程图中，_____用粗线绘制，_____用中粗线绘制。

（6）在设备布置图中，"设备轮廓"用_____线绘制，"设备支架和设备基础"用_____线绘制。

（7）用单线绘制的管道布置图中，"管道"用_____线绘制，"法兰及阀门"用_____线绘制。

（8）在工艺管道及仪表流程图中，仪表位号中的_____填写在圆圈的上半圆中，_____填写在圆圈的下半圆中。

（9）在工艺管道及仪表流程图中，气液两相流工艺物料用_____表示；仪表用空气用_____表示；润滑油用_____表示；冷冻盐水回水用_____表示；工艺液体用_____表示。

（10）管道号由三个单元组成，即_____号、_____号、_____号。

（11）管道应标注四部分内容，即_____、_____、_____、_____，总称为管道组合号。

（12）仪表图形符号是一个直径为_____mm 的细实线圆圈。

（13）在工艺方案流程图中，用_____画出各设备之间的主要物料流程；用_____画出其他辅助物料的流程线。流程线一般画成_____线和_____线，转弯画成_____。

（14）当同一物料线交错时，按流程顺序_____不断、_____断；不同物料线交错时，_____不断，_____断。

9-1-2 阅读管道及仪表流程图（9-2-1），回答下列问题。

（1）阅读标题栏及首页图（见教材图 7-1），从中了解图样名称和图形符号、代号等意义。

（2）了解设备名称、位号及数量，大致了解设备的用途。

该工段共有设备_____台，自左到右分别为_____、_____、_____、_____、_____、_____、_____。其中静设备____台，动设备____台。

（3）阅读流程图，了解主物料介质流向。

其主流程是，原料油与介质_____在设备_____内混合搅拌后，去圆筒炉加热。混合前，原料在设备_____内与_____油通过热量交换进行预热。

对影响润滑油使用性能的轻质组分，在塔顶通过设备_____和设备_____抽入 V2702 集油槽进行回收。

（4）了解各种介质与主物料如何接触和分离。

白土与原料油混合后，吸附了润滑油原料中的机械杂质、胶质、沥青等，再通过设备_____进行分离。

（5）看动力系统流程，了解蒸汽用途。

T2701 精馏塔底吹入介质_____，携带轻质馏分到塔顶并进入 E2702 冷凝器_____。循环冷却水来自_____，分为_____路，其中一路去设备_____进行喷淋，另一路经过设备_____后，去_____塔。

（6）看仪表控制系统，了解各种仪表安装位置以及测量和控制参量。

在往复泵出口，就地安装有_____仪表，在离心泵出口，就地安装有_____仪表。原料油与白土混合后，在设备_____内部和出口，通过仪表测量并控制其_____参量。

9-1-3 参照图（9-2-1），阅读设备布置图（9-2-2），回答下列问题。

（1）概括了解。

由标题栏可知，该图为润滑油精制工段的设备布置图，共有两个视图：一个是_____图，一个是_____图。

（2）了解建筑物的结构，尺寸及定位。

该图画出了厂房定位轴线_____和_____，其横向轴线间距为_____m，纵向间距为_____m，该厂房地面标高为_____m。

（3）了解设备布置情况（要求填写设备的名称和代号）。

图中一共绘制了_____台设备，分别布置在编号为_____的塔区和编号为_____的泵区。

在厂房内（泵区）安装有____台动设备，对照润滑油精制工段管道及仪表流程图，其中有两台_____泵和两台_____泵。

在厂房外（塔区）布置了____台静设备；地面上设备从左到右依次是_____、_____、_____；塔顶平台从左到右依次是_____、_____、_____。

（4）看平面图和剖视图。

从平面图中可知，精馏塔（T2701）的支承点标高是_____m，横向定位尺寸是_____m，纵向定位尺寸是_____m。中间罐（V2703）的支架顶面标高是_____m。套管冷却器（E2703）支承点标高是_____m。

两台蒸汽往复泵（P2702 和 P2705）的基础尺寸为____×____m，其两泵轴线间距为_____m。

从剖视图可知，喷射泵（P2704）安装在塔顶附近，其标高为_____m。精馏塔（T2701）下部的原料入口管口标高为_____m，中间罐（V2703）入口管口标高为_____m。

图中右上角有_____标，指明了厂房和设备的_____。

9-2-1 润滑油精制工段管道及仪表流程图。

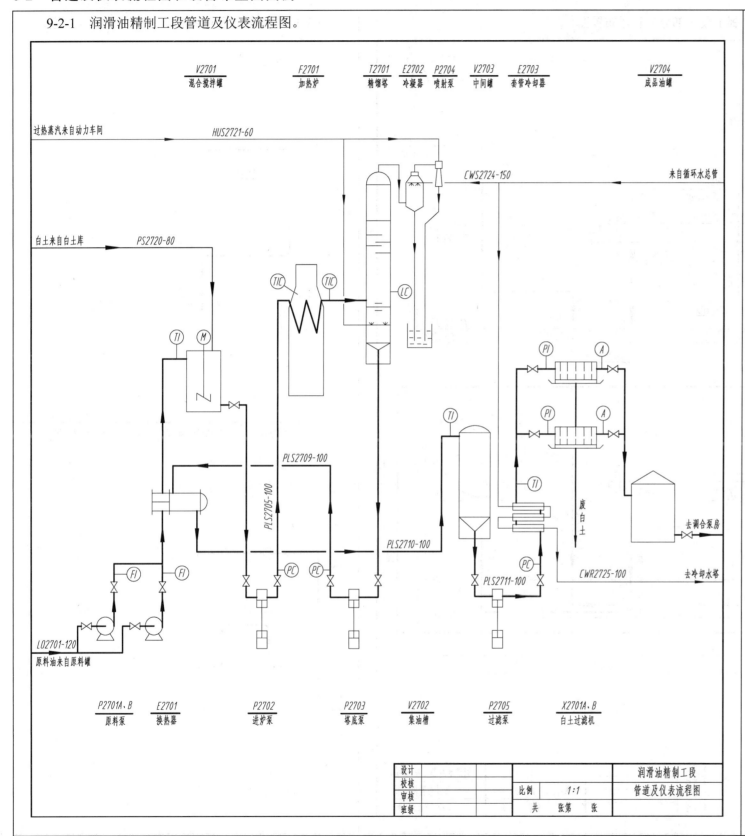

9-2-2 润滑油精制工段设备布置图。

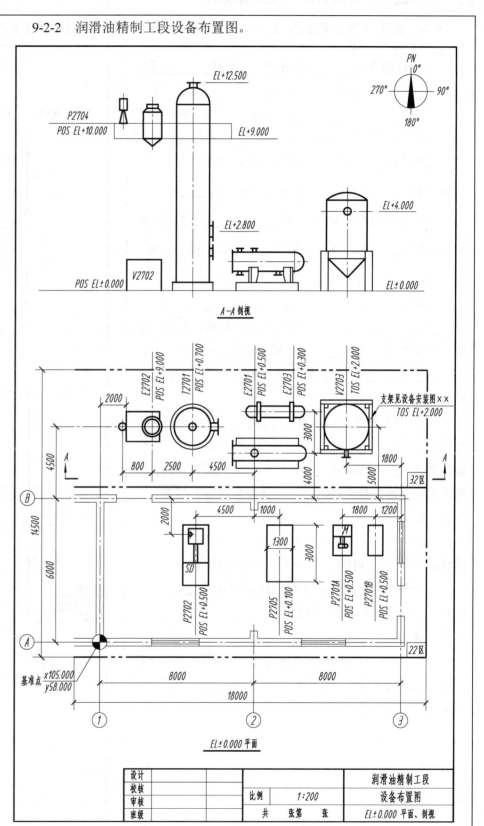

9-3-1 阅读润滑油精制工段（部分）管道布置图（9-3-2），回答问题。

（1）该图共用了____个视图，一个是_____图，一个是____图。该图画出了设备_____的___个管口和设备_____的___个管口的管道布置情况。

（2）图中厂房有纵向定位轴线___，横向定位轴线②、③的间距为___m。建筑轴线②确定了设备_____法兰面的定位，该设备轴线距纵向定位轴线Ⓑ____m。

（3）建筑轴线③确定了设备_____中心线的横向定位为_____m，其中心距纵向定位轴线Ⓑ____m。

（4）接管口有三部分管道：润滑油原料自原料泵沿管沟方向来，从换热器_____进入、从____出来、去_____罐；白土与原料油混合物料，自塔底泵来，从换热器_____进入，从换热器壳程下部出来，然后去_____；中间罐底部管道沿_____去过滤泵房。

（5）换热器的管口均为_____连接，壳程出口管道编号为_____。管道从出口开始，先向下，沿地面再向____，然后向____进入管沟，在管沟里向____，再向上出管沟，最后拐向____，从中间罐的上部进入，其管口标高为_____m。

（6）中间罐的底部管道PLS2711，自设备底部向___，沿地面拐向___，再向____，然后向下进入管沟。

（7）换热器管程出口管道LO2705-80的_____标高为 EL105.000m，经过编号为_____的管架去白土混合罐。

（8）在设备V2703_____的入口管道上安装有_____仪表。在设备E2701_____的出口管道上安装有_____仪表。

9-3-2 润滑油精制工段（部分）管道布置图。

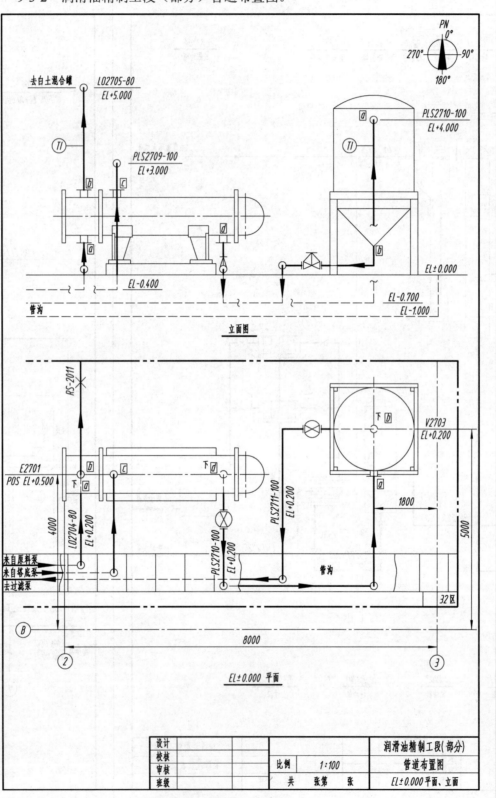

立面图

EL±0.000 平面

设计			润滑油精制工段(部分)
校核			
审核		比例	1:100	管道布置图
班级		共 张第 张	EL±0.000平面、立面

9-3-3 根据管道平面图和立面图，画出其左视图。

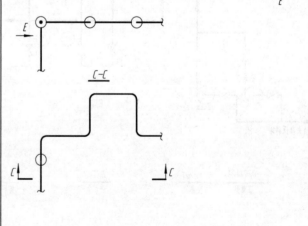

A—A

9-3-4 根据管道平面图和立面图，画出其左视图。

C—C

9-4-1 阅读甲醇合成工段（部分）工艺管道及仪表流程图（9-5），回答下列问题。

（1）阅读标题栏及首页图（见教材图 9-1），从中了解图样名称和图形符号、代号等意义。

（2）了解设备名称、位号及数量，大致了解设备的用途。

该工段共有设备＿＿＿台，自左到右分别为＿＿＿＿＿＿、＿＿＿＿＿＿、＿＿＿＿＿＿、＿＿＿＿＿＿、＿＿＿＿＿＿。

（3）阅读流程图，了解主物料介质流向。

其主流程是，合成气（H_2 和 CO 的混合气）先通过＿＿＿＿＿＿（管道号）进入设备＿＿＿＿＿＿内与合成塔 T301 出口气换热，加热到特定温度后，从合成塔＿＿＿＿＿＿（顶部/中部/底部）进入。在合成塔内经催化剂催化后，合成粗甲醇从合成塔＿＿＿＿＿＿（顶部/中部/底部）引出。温度较高的粗甲醇在设备＿＿＿＿＿＿内与进入合成塔之前的合成气进行逆流换热，温度（升高/降低/不变），然后与补加的＿＿＿＿＿＿（物料）混合后，进入设备＿＿＿＿＿＿，在设备中液相部分粗甲醇从设备底部流出，通过＿＿＿＿＿＿（管道号）送往甲醇精馏工段进行精制。包括＿＿＿＿＿＿和＿＿＿＿＿＿（物料）的气相部分从设备顶部流出，进入透平机作为循环气使用。

合成甲醇流程控制的重点是反应器的温度、系统压力以及合成原料气在合成塔入口处各组分的含量。合成塔的温度主要是通过设备＿＿＿＿＿＿和底部蒸汽量以及中部引入的锅炉水来调节。

（4）看动力系统流程，了解蒸汽和锅炉水用途。

设备＿＿＿＿＿＿是整个系统的循环气运转的来源。蒸汽从甲醇合成塔 T301 塔底进入，＿＿＿＿＿＿（物料）从塔中部进入，一方面提供合成所需的水源，另一方面控制合成温度。如果合成塔的温度较高或升温速度较快，这时应＿＿＿＿＿＿（增加/减少/维持不变）蒸汽采出量，使合成塔温度降低或升温速度变小；如果反应器的温度较低或升温速度较慢，这时应＿＿＿＿＿＿（增加/减少/维持不变）蒸汽采出量，慢慢升高蒸汽包压力，使合成塔温度升高或温降速度变小。

（5）看仪表控制系统，了解各种仪表安装位置以及测量和控制参量。

在换热器出口安装有＿＿＿＿＿＿（温度/压力/液位）显示仪表。在合成塔中部安装有仪表 TIC0301，TIC 表示＿＿＿＿＿＿，0301 表示＿＿＿＿＿＿。在甲醇分离器中部安装有仪表 LIC0301，LIC 表示＿＿＿＿＿＿。

9-4-2 阅读精馏工段（部分）设备布置图（9-6），回答下列问题。

（1）概括了解。

由标题栏可知，该图为精馏工段的设备布置图，共有 4 个视图：分别是＿＿＿＿＿＿图、＿＿＿＿＿＿图、＿＿＿＿＿＿图和＿＿＿＿＿＿图。

（2）了解建筑物的结构，尺寸及定位。

该图画出了厂房定位轴线＿＿＿＿＿＿和＿＿＿＿＿＿，其横向轴线总间距为＿＿＿＿m，纵向间距为＿＿＿＿m。该厂房一层地面标高为＿＿＿＿m，二层地面标高为＿＿＿＿m，三层地面标高为＿＿＿＿m，四层地面标高为＿＿＿＿m。楼梯位于建筑物的＿＿＿（东/南/西/北）侧。

（3）了解设备布置情况（填写设备名称和代号）。

图中一共绘制了＿＿＿台设备。其中仅在第一层的设备为：＿＿＿＿＿＿、＿＿＿＿＿＿、＿＿＿＿＿＿、＿＿＿＿＿＿，预热器 H101 和再沸器 H103 位于＿＿＿层和＿＿＿层之间。

（4）确定设备位置。

产品罐 V102 位于①号轴线＿＿＿（东/南/西/北）侧，其横向定位尺寸为＿＿＿＿m，纵向定位尺寸为＿＿＿＿m，两个支座间的纵向定位尺寸为＿＿＿＿m。

精馏塔 T101 位于③号轴线＿＿＿（东/南/西/北）侧，Ⓑ号轴线的＿＿＿（东/南/西/北）侧，其横向定位尺寸为＿＿＿＿m，纵向定位尺寸为＿＿＿＿m。精馏塔 T101 塔顶位于＿＿＿层，最高处标高为＿＿＿＿m。

在四层有一冷凝器 H102，该设备位于精馏塔的＿＿＿＿＿＿（东南/西南/东北/西北）侧，精馏塔 T101 轴线与冷凝器 H102 轴线的纵向距离为＿＿＿＿m，精馏塔轴线与冷凝器西侧支座横向距离为＿＿＿＿m。冷凝器的中心线比精馏塔的塔顶管口高出＿＿＿＿m。

9-4-3 阅读管道布置图（9-7），回答下列问题。

（1）该图共用了＿＿＿个视图，一个是＿＿＿＿＿＿图，一个是＿＿＿＿＿＿图。该图画出了＿＿＿个设备附属的管道布置情况。

（2）图中厂房地面标高为＿＿＿＿m，屋顶标高为＿＿＿＿m，厂房外的地沟位于厂房的＿＿＿（东/南/西/北）侧，深度为＿＿＿＿m。

（3）建筑轴线Ⓐ确定了除尘器 V0602A、B 中心的纵向定位为＿＿＿＿m，建筑轴线①确定了除尘器 V0602A、B 中心的横向定位为＿＿＿＿m 和＿＿＿＿m，两设备相距＿＿＿＿m。

（4）该层厂房最高处的管道是＿＿＿＿＿＿（管线号），该管道的公称直径为＿＿＿＿，与设备＿＿＿＿＿＿（设备名称和位号）连接。

该管道从建筑物的＿＿＿＿＿＿（东南/西南/西北/东北）部进入图纸，最高处中心线标高为＿＿＿＿m。先向＿＿＿（上/下/东/南/西/北）延伸到与设备＿＿＿管口纵向平齐的位置，再向＿＿＿（上/下/东/南/西/北）延伸，越过设备＿＿＿＿＿＿（设备名称和位号）后，在建筑轴线①的＿＿＿（上/下/东/南/西/北）侧＿＿＿＿m 处，向＿＿＿（上/下/东/南/西/北）延伸到竖直高度和设备＿＿＿管口平齐的位置，再向＿＿＿（上/下/东/南/西/北）延伸，与设备管口相连。

该管道有＿＿＿个支管，支管相对于①轴线的横向定位尺寸为＿＿＿＿m。支管的＿＿＿（上/下）方有一处阀门，标高为＿＿＿＿m。

（5）与除尘器 V0602A 底部管口 c 连接的管道是＿＿＿＿＿＿（管线号），该管道从管口出来后，先向＿＿＿（上/下）到达标高为＿＿＿＿m 的位置，再向＿＿＿（上/下/东/南/西/北）延伸到厂房外进入地沟。该管道上有一个阀门，位于厂房＿＿＿（内/外），距离建筑轴线①的距离为＿＿＿＿m，标高为＿＿＿＿m。

（6）在 A-A 剖视图上，东西走向、标高为 EL+0.500 的管道＿＿＿＿＿＿（管线号）与除尘器 V0602A 底部管口 c＿＿＿＿＿＿（有/没有）通过管道相连。

9-5-1 了解甲醇合成工艺流程，阅读甲醇合成工段（部分）工艺管道及仪表流程图。

甲醇合成工艺流程简介

甲醇合成是强放热反应，进入催化剂层的合成原料气需先加热到反应温度（>210℃）才能反应,而低压甲醇合成催化剂(铜基触媒)又易过热失活（>280℃），就必须将甲醇合成反应热及时移走，本反应系统将原料气加热和反应过程中移热结合，反应器和换热器结合连续移热，同时达到缩小设备体积和减少催化剂层温差的作用。

合成甲醇流程控制的重点是反应器的温度、系统压力以及合成原料气在反应器入口处各组分的含量。反应器的温度主要是通过汽包来调节，如果反应器的温度较高并且升温速度较快，这时应将汽包蒸汽出口开大，增加蒸汽采出量，同时降低汽包压力，使反应器温度降低或温升速度变小；如果反应器的温度较低并且升温速度较慢，这时应将汽包蒸汽出口关小，减少蒸汽采出量，慢慢升高汽包压力，使反应器温度升高或温降速度变小。

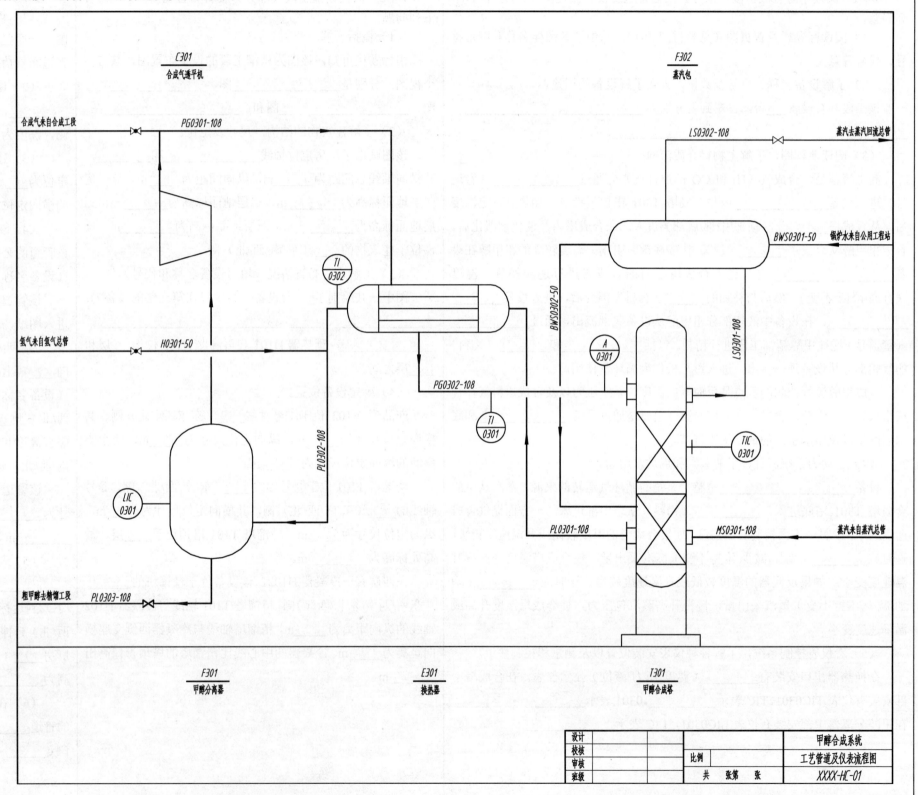

设计				甲醇合成系统
校核				工艺管道及仪表流程图
审核		比例		
班级		共 张第 张		XXXX-HC-01

9-6 精馏工段（部分）设备布置图图例

9-6-1 阅读精馏工段（部分）设备布置图。

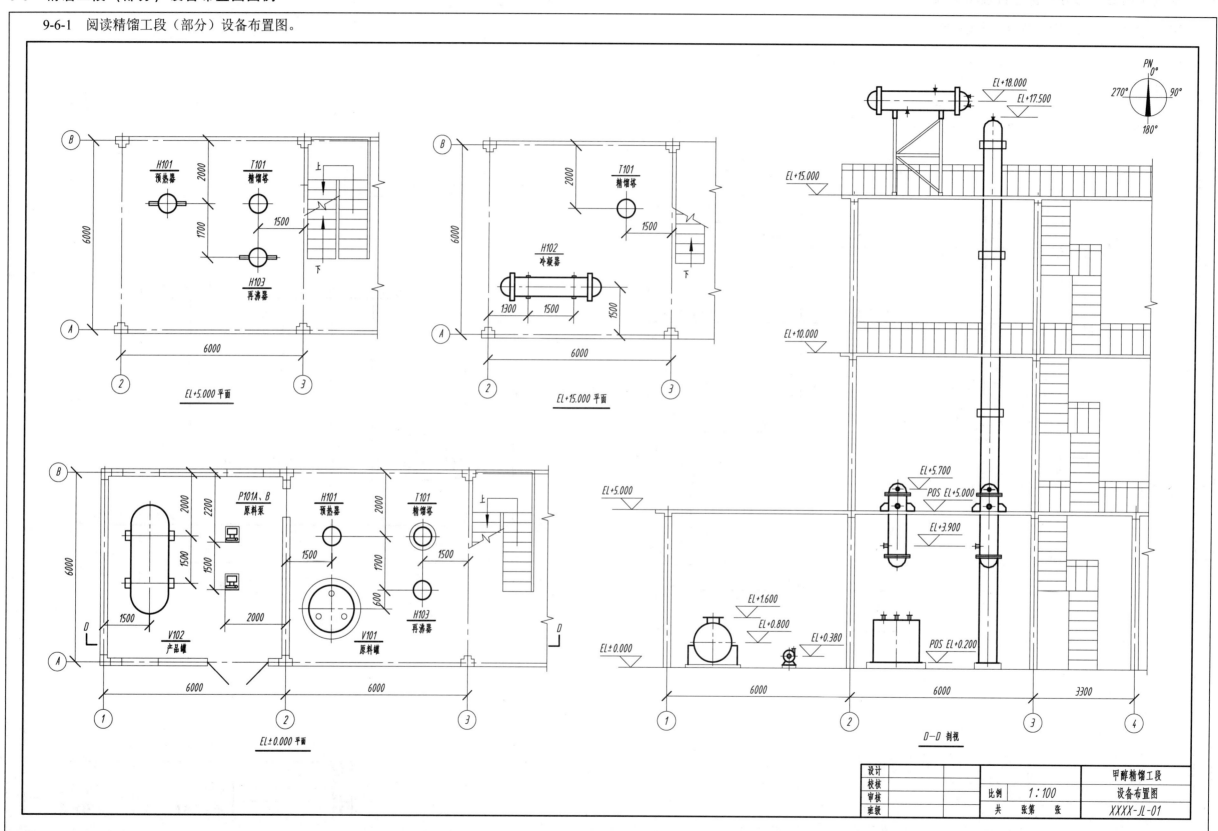

9-7-1 阅读空气压缩站（部分）管道布置图。

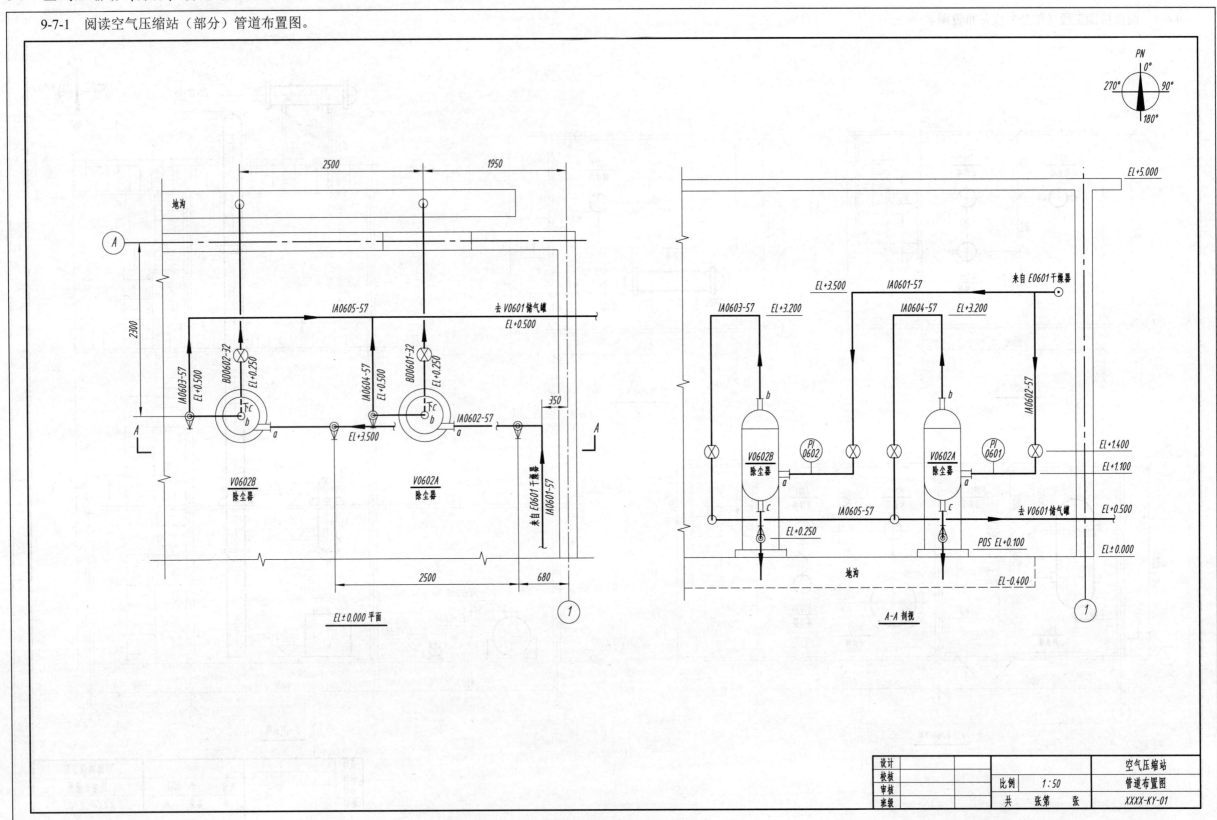

EL±0.000 平面

A-A 剖视

设计			比例	1:50	空气压缩站
校核					管道布置图
审核			共 张第 张		XXXX-KY-01
班级					

10-1　抄画平面图形

10-1-1　按 1∶1 的比例抄画平面图形，不注尺寸。

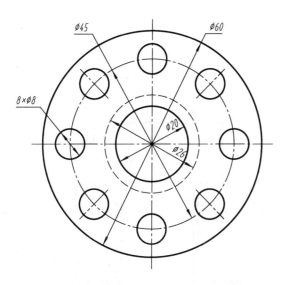

10-1-2　按 1∶2 的比例抄画平面图形，不注尺寸。

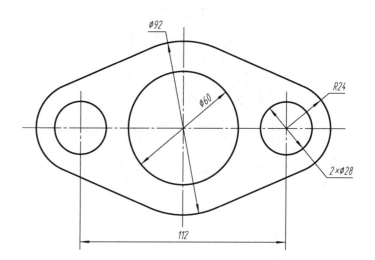

10-1-3　按 1∶1 的比例抄画平面图形，并标注尺寸。

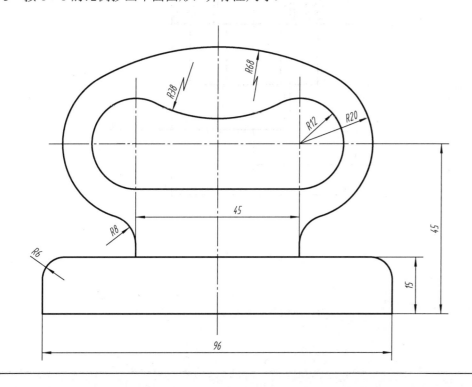

10-1-4　按 1∶2 的比例抄画平面图形，并标注尺寸。

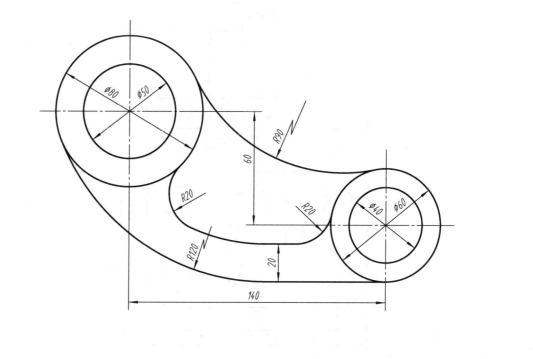

10-2-1 由轴测图绘制三视图，不注尺寸。

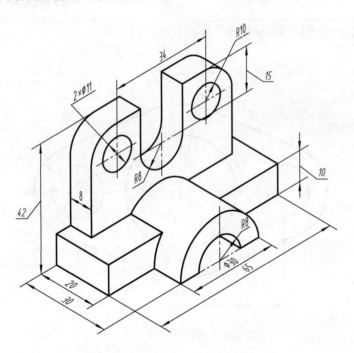

10-2-3 已知管法兰型号为"HG/T 20592 法兰 PL250（B）-1.6 FF Q235A"，根据图中的尺寸，查教材附录，按1：1的比例，绘制等长双头螺柱联接图（采用简化画法）。

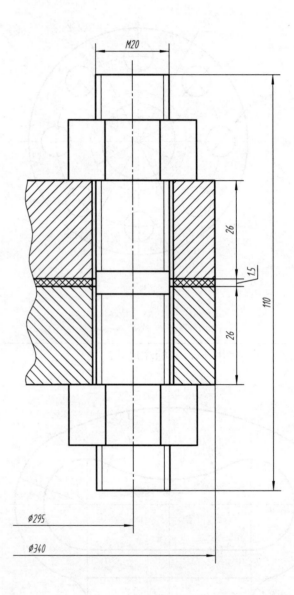

10-2-2 根据主、俯视图，补画全剖的左视图，不注尺寸。

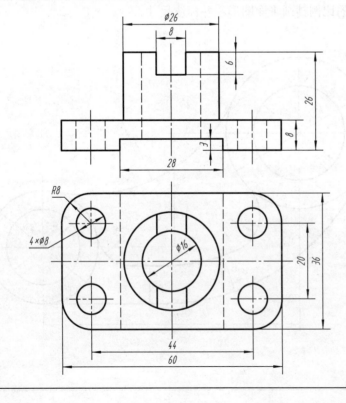

参 考 文 献

[1]　HG/T 20519—2009．化工工艺设计施工图内容和深度统一规定．

[2]　成大先．机械设计手册［M］．6版．北京：化学工业出版社，2017．

[3]　董大勤，袁凤隐．压力容器设计手册［M］．2版．北京：化学工业出版社，2014．

[4]　胡建生．化工制图习题集［M］．5版．北京：化学工业出版社，2022．

[5]　胡建生．工程制图习题集［M］．7版．北京：化学工业出版社，2022．

郑 重 声 明